What
Is
Physics?

物理學是什麼

王士平、李豔平、劉樹勇◎著　徐啓銘◎校閱

校 閱 序

　　第一次閱讀此書，發現分析得相當有條理，除段落分明外，最主要的是融入了中國物理學的史觀，由淺入深，淺顯易懂，是一本適合大眾閱讀的基礎物理叢書，可以讓沒有或剛有物理基礎的讀者建立一些基礎的物理觀念，因此不像一般的物理書籍讓人有枯燥乏味的感覺。由於本書充滿了世界觀，加入歷史的環節將整體架構變得更生動有趣，有如閱讀一本故事書一樣。個人對於歷史也相當的有興趣，如此創新的手法不只是讓整本書的結構更加完整，藉由歷史的導入，讓讀者更能瞭解各項物理定理的來龍去脈，加深讀者印象。

　　從另一方面來看，此書已經擺脫長久以來人們對於物理科學的刻板印象，不再是那麼冷冰冰的，反倒似一本活潑生動的故事書一般，不只是告訴讀者物理學的定理和理論，也像一本發人深省的立志小說一樣，讀者能感受到當時的偉大物理學家們是如何艱辛地完成那些不朽的事蹟，一些不為人知的辛酸和努力。依薪火相傳，激勵年輕學子的觀點視之，個人相信這是一本值得推薦的好書，也是一本值得一看再看的好書。

徐啓銘　謹識

What Is Physics?

目　錄

What
Is
Physics?

引言　海闊天空皆物理

- 從「物理」、「格物」到 "Physics"
- 細推物理須行樂
- 海闊天空皆物理

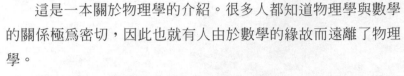

　　這是一本關於物理學的介紹。很多人都知道物理學與數學的關係極為密切，因此也就有人由於數學的緣故而遠離了物理學。

　　據說，在二十世紀初期，著名物理學家尼科爾斯·玻耳（Niels Bohr）曾給哲學家安東·湯姆森贈寄了一篇物理學論文。這位哲學家給玻耳寫了一封熱情洋溢的感謝信，信的開頭是這樣寫的：「親愛的尼科爾斯，多謝你寄來的大作，我讀它直到碰見第一個方程式。不幸的是它在第二頁就出現了。」可見，這位哲學家因為在書中看到了方程式而不再往下讀了。

　　當代著名物理學家，也是最著名的一位科學通俗讀物作者史蒂芬·霍金在一九八九年十月的一次演講中風趣地說：「通常需要方程式才能學會科學。儘管方程式是描述數學思想的簡明而精確的方法和手段，但大部分人對它敬而遠之。當我最近寫一部通俗著作時，有人提出忠告說，每放進一個方程式就會使書的銷售量減少一半。我引進了一個方程式，即愛因斯坦著名的方程式 $E=mc^2$。也許沒有這個方程式的話，我能多賣出一倍數量的書。」可見，書中用不用數學、有沒有方程式，對於書的銷售量，對於讀者是否喜歡讀，是有很大關係的。

　　為了讓更多的人喜歡這本書，能夠把它讀完，我們儘可能地少用方程式。儘管我們認為，掌握物理學是必須要學好數學的。但是，同時我們也認為，要瞭解物理學是可以少用數學的。我們更希望有人讀了這本和與這本類似的書以後，喜歡上了物理學，並攻讀物理學、研究物理學。

• 從「物理」、「格物」到 "Physics"

在許多人的眼中，物理學是很古老的。

「物理學」一詞是古希臘亞里斯多德（Aristotel）創造的，希臘文爲 Φνσικη。他用這個詞命名他的一本著作，即《自然哲學》或《自然論》，其本意是探討自然界和自然現象。後來英譯本將它譯爲 "Physics"，物理學由此得名。

「物理」一詞，中國古已有之。《莊子》中就有「消息盈虛，終則有始，是以語大義之方，論萬物之理也」，認爲把握運動周期性特質，是認識世界的關鍵。

不過，中國古代「物理」一詞是泛指一切事物的道理，即包容了萬物之理。這萬物，實涵蓋天文地理、風雨雷電、帝王政務、人身服用、草木鳥獸、金石器用、醫藥占卜、鬼神方術，以及人事變遷、倫理道德等。這樣的萬物之理正是中國古代「物理」一詞的基本含義。

當然，也有將「物理」用於自然現象方面的。西漢劉安在《淮南子》〈覽冥訓〉中所說：「夫燧之取火（於日），慈石之引鐵，蟹之敗漆，葵之鄉日，雖有明智，弗能然也。故耳目之察，不足以分物理；心意之論，不足以定是非。」這裏包含了今天光學、磁學、生物化學、生物物理的現象。

我國古代還有三部以「物理」爲書名的著作，也體現了中國古代「物理」一詞所蘊涵的內容。晉朝楊泉著有《物理論》，內容涉及今天的天文、地理、曆法、物理、生物、農學、醫學及技術等，書中還評述了渾天說、蓋天說，倡導元氣說，試圖解釋天體形成、自然現象和萬物生成，並探索各種自然現象之間的相互關係。明代王宣著有《物理所》，這本書沒有流傳下

來。但從後人引錄的情況看，王宣的《物理所》所論述的內容也是包羅萬象的。明代方以智著《物理小識》，從書的目錄就可以看出這是一部百科全書式著作，廣泛涉及天、地、曆法、風雷雨電、占候、醫藥、金石、器用、草木、鳥獸、人身、飲食、衣服以及鬼神方術、異事等十五門，尤其此時西方科學知識已傳入，書中亦有反映。書中對今日物理學中的光、聲和流體現象已有記載。

　　明末清初，西學東漸，西方物理學的知識被介紹到中國。明萬曆三十五年（即西元一六〇七年）秋，義大利傳教士利瑪竇口譯，徐光啓參與筆述，歐幾里德的《幾何原本》前六卷的完整譯述得以刊刻，這是中國歷史上第一次真正科學著作的翻譯。最早介紹物理知識的譯作，是一六一〇年來華的義大利傳教士艾儒略編譯的《西學凡》一書，書中介紹了當時歐洲大學的課程，其中有一學科名為「費西伽」（physics的音譯）。一六二七年刊印了由法國傳教士鄧玉函口譯、王征筆述的《遠西奇器圖說錄》，書中首次介紹了力學知識，包括重心、比重、槓桿、滑車、輪軸、斜面等的原理，以及應用這些原理的起重、提重等實用器械九十二種之多。一八五五年，英國傳教士艾約瑟與李善蘭合作譯成《重學》一書，全書共二十卷，一八五九年刊行，內容涵蓋了剛體力學、流體力學、靜力學、動力學和運動學等基本內容，其中包括牛頓運動三定律。英國傳教士偉烈亞力與李善蘭翻譯了《談天》一書，一八五九年刊行，使哥白尼學說首次系統地在我國傳播，書中還簡要地論述了牛頓創立萬有引力定律的緣由及其內容。一八五三年出版傳行的張福僖與艾約瑟所譯《光論》一書，比較系統地介紹了光的反射、折射、照度、色散、人眼等光學知識。

這些有關物理的譯作，介紹了西方已有的物理學知識，但仍未有「物理」的譯名，而是稱之爲「格致」或「格物」。

「格物」語出於《禮記》〈大學〉，其中說：「致知在格物，物格而後知至。」按照中國著名科學史家席澤宗先生的理解，前一個「致」是擴充，是求知的意思；後一個「至」，是已至，表示已經得到了知識。格物只是就事上理會，知至便是心裏徹底弄明白了。朱熹的思想對後世影響最深遠的，也莫過於「格物致知」論了。

當西學東漸之際，外國的傳教士要爲西學找到一個能使中國士大夫普遍接受的名正言順的對應物，中國的知識分子也要尋求一個廣泛熟悉的稱謂。因此，以「格致」命名西方科學是很自然的事。

一般認爲格物或格致泛指科學技術總體。美國傳教士丁韙良譯的《格物入門》，就包括數學、物理、化學。不過，也有用「格致」專指物理學的，如京師同文館中的格致館。

到十九世紀七〇年代，日本學者將西方的physics譯成「物理學」。一九〇〇年，江南製造局刊行日本飯盛挺造編著的大學教科書《物理學》的中譯本。此後，「物理學」一詞得到中國知識界的認同和採用，物理學才漸漸地用來作爲一個學科的專有名詞，並被賦予了現代的意義。這時，中國的「物理」與西方的「physics」眞正地接軌了。

物理學研究的是物質運動最基本、最普遍的形式，包括天體運動、機械運動、分子熱運動、電磁運動、原子和原子核內基本粒子的運動等等，物理學所研究的運動，普遍地存在於其他高級的、複雜的物質運動形式之中，因此物理學所研究的規律具有極大的普遍性。

•細推物理須行樂

在許多人的眼中，物理學理論是很深奧的。

說到物理學的深奧，有人以爲物理學就是由高深的數學推導出來的。其實不然，那麼物理學理論是怎麼得來的呢？

美國華裔物理學家李政道曾借用唐代大詩人杜甫的詩句給出回答。「細推物理須行樂，何用浮名絆此身。」這是杜甫在《曲江詩》中刻劃其官場失意心態的句子。李政道對「細推物理須行樂」作了有趣的解釋，來說明實驗和邏輯推導對於物理學的作用。其中的「細」字就是仔細觀察，「推」就是數學與邏輯上的推導。也就是說，透過觀察和推理才能獲得物理學的知識。

這一個「細推物理須行樂」，就將物理學的特點概括出來了。

在科學史上，流傳著這樣一些故事：義大利物理學家伽利略（Galileo Galilei）在比薩斜塔上做實驗，讓大小不同的兩個鐵球同時下落，由不能區分哪一個先落下而得出落體加速度與重量無關的科學結論；英國物理學家牛頓（Issac Newton）在家中花園看到蘋果落地，使他想到造成蘋果落地的重力是不是可以使月亮保持在它的軌道上而不掉下來；英國科學家瓦特（James Watt）看到開水蒸汽衝擊壺蓋而產生了興趣，正是這位瓦特在三十三歲時造出了帶冷凝器的蒸汽機，使蒸汽機的效率成倍地提高；美國物理學家富蘭克林（Benjamin Franklin）在雷雨即將來臨的時刻，放起了風箏來捕捉「天電」，認識到天電與地電是一樣的。儘管這些故事的眞實性眾說不一，但是它們充分表明了物理學是「活」的科學。

觀察和實驗是物理學理論的來源，物理學體系中的概念、

規律是從實驗中得到的。像德國天文學家和物理學家克卜勒（Johannes Kepler）就是從分析火星觀測的材料中得到「克卜勒行星運動三定律」的，這成為牛頓建立經典力學的重要基礎；法拉第的實驗水平更是無與倫比，他的許多發現被麥克斯威爾（J. C. Maxwell）歸納出一個知識系統，以說明和預測更多的實驗現象；講到相對論，就不能不提到美國物理學家邁克耳遜（A. A. Michelson）和化學家莫雷（E. W. Morley）設計的測量「乙太漂移」的實驗。物理學本質是一門實驗科學，所採用的是從特殊到一般的分析歸納方法。

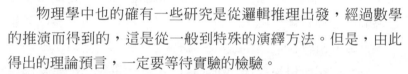

物理學中也的確有一些研究是從邏輯推理出發，經過數學的推演而得到的，這是從一般到特殊的演繹方法。但是，由此得出的理論預言，一定要等待實驗的檢驗。

物理學家常常綜合運用這兩類方法，相互融合，交替使用，從而「攻無不克，所向披靡」。

物理學的研究是對人類智慧的一種考驗。正是在這種具有挑戰性的活動，使人獲得很大的樂趣。許多物理學家在從事為之奮鬥的事業中，克服困難，堅忍不拔地去探索，表現出對科學事業的熱愛與追求。他們的樂趣就在於發現物理世界中存在的和諧、秩序和規律，這種樂趣表現在他們對信念的一種追求的過程。克卜勒經過十七年的研究探索，建立起行星運動三定律，這其中他經歷了孩子夭折、妻子病死、生活貧困和疾病纏身等種種困苦，但當他發現第三定律，發現了眾行星的「合唱」規律時，他的喜悅是難以用語言來表達的。直到今天，當我們仍在欣賞行星這種和諧的運動時，不禁對克卜勒的研究給予深深的敬意和由衷的讚歎。對於克卜勒來講，這才是真正的「細推物理須行樂」呢！物理學研究的樂趣存在於，從一無所知到

略有所知,再到達一個暢然所知的過程中。這也就是說,人們追尋自然界存在的物理規律將是一種快樂的事業。

• 海闊天空皆物理

在許多人的眼中,物理學是很神奇的。

物理學的神奇常常使人們想起無線電廣播、電視、雷達、雷射唱碟;原子彈、氫彈、核電廠;X射線檢測、放射性治療;作爲電腦的基本器件的電子管、電晶體和積體電路;利用超導的磁懸浮技術、龐大的粒子加速器;具有奇特性質的類星體、脈衝星和黑洞……

二十世紀是科學技術的革命世紀,二十世紀一開始就出現了持續三十年之久的物理學革命。

這場革命的直接成果是誕生了相對論和量子力學,這使物理學由經典走向現代,步入了一個嶄新的發展階段。特別是第二次世界大戰以來的半個多世紀中,物理學各分支學科出現了許多新的前沿,如古老的光學學科,出現了量子光學、非線性光學、統計光學、集成光學、資訊光學、雷射光譜學等;同時新的分支學科大量誕生,如原子物理、原子核子物理、凝聚態物理、等離子體物理、量子場論等。同時,物理學與其他學科之間相互滲透,形成了一系列邊緣學科和交叉學科,如化學物理、生物物理、地球物理、海洋物理、大氣物理、天體物理等。物理學成爲一切自然科學的基礎。

這場革命還爲技術進步開闢出新的方向,導致一系列高新技術的出現,如生物技術、資訊技術、空間技術、海洋技術等。另外新能源、新材料的開發和利用都在不同程度上與現代

物理學息息相關。物理學成爲當代工程技術的支柱。

這場革命還改變了人類的自然觀，特別是對物理世界的基本認識，人類對自然的範圍在微觀和宏觀世界都得到了擴大。在空間標度上，可以從粒子內部（亞核世界 10^{-17} 公分）擴展到整個宇宙（大尺度總星系 10^{23} 公里）；在時間標度上，可以從粒子的短壽命（共振子壽命 10^{-25} 秒）到宇宙紀元（宇宙年齡 10^{17} 秒）。物理學的發展使人們從微觀結構、宏觀天體、生命世界和物質的各種不同狀態等側面，更深入揭示了自然界的奧秘，使人類對物質、能量、空間、時間、運動、因果性的認識都產生了根本性的變化。物理學是人類文明的泉源。

物理學的發展，一方面是學科劃分越來越細，分支越來越多，越來越趨向專業化；另一方面，物理學和其他學科之間的相互滲透，又形成了大量邊緣學科、交叉學科，總體化趨勢越來越明顯。以致今天很難再從研究物件來回答「什麼是物理學」這個問題。

那麼，物理學到底是什麼？我們可以說，物理學是研究物質世界運動規律的科學。但它不僅僅是物理學家在實驗室裏研究的學問，而且是向一切科學技術，甚至經濟管理部門滲透的力量。

What

Is

Physics?

1. 從經驗中走出來

古代物理學的時期是物理學發展的萌芽時期。這個時期的物理學大多是古人的一些經驗或零散的知識，是一種經驗或技術形態的物理學。

1.1 有趣的尖底瓶和欹器

當我們有機會到陝西省西安遊覽，人們總是要到東郊參觀著名的半坡遺址博物館。當你一進門就會看到，在水池中假山石上的一位少女，她用一隻底部尖尖的陶瓶汲水。如此奇特的陶瓶，許多遊人可能不會想到，這尖底的陶瓶距今已有五、六千年了。由於陶瓶具有尖尖的底，所以就被稱作「尖底瓶」，也被稱做提水壺。它的外形有些像炸彈，小口、短頸、鼓腹、尖底，腹側有雙耳，大者六十公分高，小者二十公分左右。

尖底瓶外形呈流線形，這使得它既牢固又便於長途運水。由於瓶口小，瓶中的水不易灑出。它的外形像魚形，可能是仿照魚的外形而發明的。

用尖底瓶汲水並不容易，當瓶子空著時，由於重心高，稍一搖晃就會歪倒在水面上，尖底就會自動地上翹。但當水流入瓶內時，隨著水越流越多，尖底就逐漸沈如水中。這時瓶子的重心就會先向底部移，再隨著水面的上移而逐漸上移。灌滿水後，瓶子的重心太高，容易傾倒，所以不能提拎，只能抱著走。但是由於重心高，向別的容器傾倒時就很省勁兒。如果要提拎尖底瓶，灌進的水就不能太多，大約半滿時就可以了。

先秦著名學者荀子稱尖底瓶之類的裝置為「欹器」。他曾記述孔子參觀魯桓公廟時對欹器的注意。

大約在兩千五百年前，魯國著名教育家孔子創辦「私學」，教授學生。他為學生開設了音樂、射箭、駕車、書寫、計算、禮儀的「六藝」課程，使學生能掌握一些基本的技能，成為有用之才。

在教學過程中，孔子很注意聯繫實務，經常帶領學生做一些實際考察。他們在魯國桓公的廟宇中看到一種「右坐之器」（相當於今天所說的「座右銘」），平常不裝水時總是歪著，於是也被稱作「欹器」，其中「欹」就是「斜」的意思。

對這個「右坐之器」，孔子講解道：「吾聞宥坐之器，虛則欹、中則正、滿則覆。」這大意是說，這種「右坐之器」，空虛時是傾斜的，裝到半滿時是正立的，裝到全滿時則會傾覆。孔子還讓學生親自操作一下，果然它具有這樣的特點。由於孔子很重視學生的道德教育，他對此感嘆道：「惡（ㄨ）有滿而不覆者哉！」這是說，沒有自滿而不跌倒的。他教導學生要謙虛「中正」，不要自滿，自滿的人早晚會栽跟斗的！這也就是古人把「欹器」當作「右坐之器」的原因。

這種「滿而自覆」的現象在力學上說明的是物體（不）穩定的問題。當物體未裝水、未裝滿水或裝滿水時，欹器的重心（質心）位置是不一樣的；由於這些不同，它自然要影響到欹器的穩定狀態。春秋時期的欹器所表現出的奇妙現象引起人們的興趣，一些王宮或廟宇就製作它，用於室內的裝飾，並警戒自己不要自滿。

1.2 探索彈力變化的規律

物體在受到拉力或壓力的作用時往往要發生形變，古人可

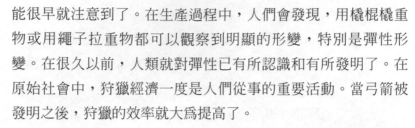

能很早就注意到了。在生產過程中，人們會發現，用橇棍橇重物或用繩子拉重物都可以觀察到明顯的形變，特別是彈性形變。在很久以前，人類就對彈性已有所認識和有所發明了。在原始社會中，狩獵經濟一度是人們從事的重要活動。當弓箭被發明之後，狩獵的效率就大為提高了。

二十世紀六○年代，在山西朔縣峙峪村的舊石器時代晚期遺址中，人們發掘出一枚石鏃。這枚石鏃是用燧石製成，它的尖端非常鋒利，並且一側的邊緣也非常鋒利。經測定，距今已有三萬年了。這差不多是世界上最早的石鏃了。可以進一步推測，弓箭的發明還要更早。

在《詩經》〈小雅〉中有描寫弓的詩句，「騂騂角弓，翩其反矣」。這裏的角弓是兩端鑲有牛角的弓，「騂騂」是調好弓的意思，「翩」是放鬆或鬆弛的意思。大意是說，為弓裝上弦並調好，當受到拉力後，弓就發生彎曲；當不用時，就將弦鬆開，使弓鬆弛下來，這時弓就向相反的方向展開並恢復到原來的狀態。顯然，這兩句詩描述的形變是彈性形變。這是關於彈性形變的最早記載。利用材料的彈性的方面還有很多，如能射彈丸的彈弓、吹管樂器中的簧片、彈棉花用的彈弓等。

彈性材料應用中，彈簧是一個典型。除了螺旋狀或盤狀的彈簧之外，還有一種片狀彈簧，即鎖中用的彈簧。它發明在春秋末年（即約西元前五百年）以前。在東漢末曹操宗族墓葬中出土有鎖樣的銅構件。甘肅涇川的唐代墓葬品中也有銅製的鎖和鑰匙。北宋著名科學家燕肅曾為寇準修鼓，他用一個鎖簧將鼓環裝在鼓內。

由於彈性材料的長期使用，人們注意到材料形變的規律，並被總結在《考工記》中。其中寫道：「量其力，有三鈞。」

東漢的大儒鄭玄對這句話進行了註釋，他寫道：「假令弓力勝三石，引之中三尺。弛其弦，以繩緩摎之，每加物一石，則張一尺。」其中的「緩摎」是很鬆地套上的，沒有力的作用。唐初的賈公彥又對鄭玄的註疏又作了進一步的解釋。他指出：「『假令弓力勝三石，引之中三尺』者，此即三石力弓也。必知弓力三石者，當『弛其弦，以繩緩摎之』者，謂不張之，別以一條繩繫兩簫，乃加物一石張一尺，二石張二尺，三石張三尺。」其中的「兩簫」是指弓的兩端。

可以看出，鄭玄和賈公彥的解釋和論證都是很樸素和簡捷的，並且也是很實用的。從《考工記》的記述來看，當時製作的弓多為三石（約九十斤）拉力的弓，這可能是當時較為標準的弓。明朝的宋應星在《天工開物》中指出：「凡造弓，視人力強弱為輕重：上力挽一百二十斤，過此則為虎力，亦不數出；中力減十之二三；下力及其半。」此外，還進一步說明，「凡試弓力，以足踏弦就地，秤鉤搭掛弓腰，弦滿之時，推移秤錘所壓，則知多少。」可見，測量弓力是借助了秤桿（即槓桿）的辦法。

西方對於彈性原理的實驗和論證是比較晚的。到一六七六年，英國物理學家虎克（Robert Hooke）以字謎的形式發表了關於彈性力的定律，即ceiiinossssttuv。一六七八年，他公布了謎底，即 "Ut tensio sic vis"。中文的意思是「有多大的伸長就有多大的力」。然而，虎克和鄭玄一樣，他們都沒有說明定律適用的範圍。由於鄭玄的研究和貢獻，以虎克名字或僅以虎克名字命名定律的名稱就有些不妥了，是否應改為「鄭玄定律」或「鄭玄—虎克定律」呢？這樣，彈性定律的建立不是在十七世紀，而是在二世紀了。

　　利用物體形變以抗衡一些巨大的衝力是十分有效的，這可以從中國古代的一些木構建築看到。最為有名的例子就是位於山西的應縣木塔。這座木塔建於遼清寧二年（西元一○五六年），是一座樓閣式佛塔，為我國現存木塔中最早、最高、最大、保存最完好的木塔。它的建築平面呈八角形，總高六十七公尺，直徑達三十公尺。此塔質量極佳，如今已近千年，依然矗立。據史載，元順帝時曾發生大地震七日，清康熙年間亦發生地震，以及一九六四年邢臺地震、一九七六年唐山大地震、近年內蒙古和林格爾地震都波及應縣，但木塔毫無損害，可見此塔抗震能力之卓絕。所以抗震性能好，這主要是由於木結構受到外力發生形變時，表現出一種柔性（不是剛性）形變，當外力撤除後，木料又會恢復原狀，或大部分恢復原狀。像磚石材料就不具有這樣的性能，所以在地震時大部毀壞，留存至今者寥寥無幾。可見古代的工匠對材料性質認識之深。

1.3　趙州橋的傳奇

　　人類對於石料的認識和應用可以追溯到石器時代。在舊石器時代，人們已經可以生產大批的石器，可用於切割、刮削、雕刻、鑽孔等。製作這些工具所用的石料有燧石、石英岩、褐色鐵質砂岩、紫色砂岩和水晶等，他們在製作不同的石器時會選用不同的石料。到新石器時代，人們選取石料要更嚴格些，石斧類工具常用硬度較高的材料，如閃長岩、輝長岩、玄武岩、片麻岩等。而普通的工具則使用的岩石硬度要低些，如頁岩、砂岩、角岩、雲母片岩等。

　　一般來說，石材的抗壓強度比抗拉強度要大得多。因而在

使用石材時要揚長避短，拱形建築中大量使用石材就是一例。建築中利用拱形的結構是很早就開始了，如青海的西周早期的洞室墓。其洞壁呈拱形，距今已有三千年了。這在以後的墓室建築中是較爲常見的。

中國建築中使用拱形結構更常用的是橋梁建築。最有名的要算是跨越洨河的趙州橋（原名安濟橋，又名大石橋）了，它位於河北趙縣，建於隋代。這是著名工匠李春率領建造的。這座橋是中國現存的最古老的橋梁，也是世界上最早的敞肩圓形拱橋。而西方最早建造的敞肩圓形拱橋是法國於十四世紀建造的賽蘭特橋。這座橋的大拱仍是半圓形。西方眞正的敞肩圓形拱橋是十九世紀才建成的。趙州橋已有一千三百年的歷史。儘管受到很多次洪水的襲擊、地震的考驗和戰爭的破壞，但它仍保存了下來。趙州橋眞正是馳名中外的古橋之王。

所謂敞肩，是指拱券上的建築不是實腹而是空腹，將一些小拱排列在大拱之上。這樣做可以使橋的重量減小，並且可以節省材料。此外，小拱還具有加大泄洪能力的作用，減小橋梁側面的壓力。趙州橋的兩端各有兩個小拱，它可以增加16.5％的排水面積，並且節省約七百多噸的石料。

所謂圓（形）弧，是拱形爲半圓或小於半圓的弧形，通常是小於半圓的圓弧。小於半圓的橋拱跨度大且高度降低，並且使受力更趨合理，也更加美觀。趙州橋全橋長50.82公尺，主孔的淨跨37.02公尺。法國的賽蘭特橋建於一三二一至一三二九年，這就是說，在它建成之前，趙州橋是世界上淨跨最大的石拱橋。在中國長度超過趙州橋的是一九五九年建成的湖南黃虎港大橋。此外，趙州橋的圓拱矢淨高爲7.23公尺，而矢高與跨度之比爲1：5.12，因此，看上去是一座很扁的拱橋。在義大利

佛羅倫斯建成聖三一橋（一五六七年）之前，趙州橋一直是世界上矢跨比最小的石拱橋。從力學上看，趙州橋的拱券結構使拱券各個橫截面上均受到壓應力和很小的拉應力，這就充分地發揮了石材具有很大抗壓力的特點。

由於趙州橋是一座工程質量和技術水平都非常高的大橋，在古人眼裏，它並非人爲，而是神創。在橋上還造出種種「神蹟」。因此在河北民歌「小放牛」中這樣唱道：

趙州石橋是什麼人修？
玉石欄杆是什麼人留？
什麼人騎驢橋上走？
什麼人推車扎了一道溝？

趙州石橋是魯班爺爺造，
玉石欄杆是聖人留，
張果老騎驢橋上走，
柴王爺推車扎了一道溝。

魯班是中國工匠之祖師，中國著名建築的來歷大都與魯班有關，這當然是希望建築能夠長久不壞，並且包含中國歷代工匠對魯班的尊敬和崇拜。

由於是魯班所造，神仙也就前來打趣了，他們決定「評審」和「驗收」一番。八仙之一張果老會同周世宗柴榮和宋太祖趙匡胤到了洨河之畔。張果老劈頭就問：「這橋禁得住我們三人走一趟嗎？」魯班滿懷信心地說道：「這倒不妨試上一試！」於是張果老騎上背掛著一個褡褳的小毛驢，周世宗和宋太祖一推一挽將裝著石塊的小車上了大石橋。

據說，三人一上橋，橋就搖晃了起來，原來，張果老的褡

褲中裝著日月星辰，小車上的石塊實則三山五嶽。負荷過重，橋能不搖晃嗎？魯班見狀急忙跳下河，雙手托住大石橋。

今天，我們還能看到橋上的一些「神蹟」，即橋面上的驢蹄印和一道車轍，魯班托橋東側時留下的手印。由於周世宗用力推車，跌了一跤，跌跤時單腿著地，在橋面上流下了一個膝蓋印；張果老斗笠掉在橋上，砸了一個圓坑。

鬥法結果以魯班獲勝告終。當然故事終歸是故事，更重要的是，在故事背後暗含著更重要的科學資訊。

從力學上看，按縱向排列砌築的石拱，最怕載重車靠橋邊緣行駛、碾壓，橋上的驢蹄印、膝蓋印、車道溝等「神蹟」都是靠近東側的橋面上。據明朝的記載看，這些「神蹟」是行車外緣東側，正是受力大的地方，因此要加強支托。魯班的「手印」刻在東側，實際上是告訴後世工匠，一旦橋面出現裂縫，要在「手印」處用木柱支撐。可見，這「神蹟」並非神仙的痕跡，乃工匠智慧之所在。

由此可見，趙州橋不僅設計合理、質量過硬，還反映出養護橋梁上的科學見解。這在世界橋梁技術史上為不可多見之範例。

1.4 感應地震最靈通

張衡一生做過三十多年的官，文章寫得非常好。他在科學技術的研究上也有突出的貢獻，在天文學、數學、物理學和機械製造等方面均有建樹。在張衡眾多的機械發明中，候風地動儀是一項非常了不起的發明。這也是世界上最早對地震研究獲得的重大成果之一。

在《後漢書》〈張衡傳〉中記載：「陽嘉元年（西元一三二年），復造候風地動儀。以精銅鑄成，圓徑八尺，含蓋隆起，形似酒尊，飾以篆文山龜鳥獸之形。中有都柱，傍行八道，施關發機。外有八龍，首銜銅丸，下有蟾蜍，張口承之，其牙機巧制，皆隱在尊中，覆蓋周密無際。如有地動，尊則振，龍機發，吐丸而蟾蜍銜之。振聲激揚，伺者因此覺之。雖一龍發機，而七首不動，尋其方向，乃知震之所在。驗之以事，合契若神。」

根據這段記載，十九世紀的日本和英國學者進行了複製研究，後來中國學者也進行了研究。中國學者王振鐸推斷，「都柱」是一個上粗下細的立柱，「都柱」四周安裝著八個曲槓桿。由於「都柱」的重心高，對地震很敏感。一旦發生地震，震波傳來使「都柱」因慣性作用而倒向震源的方向，並且觸及這個方向的曲槓桿。在槓桿的作用下，這個方向的龍嘴被掀開，銅球滑出並落在蟾蜍嘴裏。借助銅球的撞擊聲便可以判斷出地震的方向。

在張衡製作地動儀之後，永和三年（一三八年）朝西的一個銅球突然掉入蟾蜍嘴內。當時在洛陽城並未發生地震，也未感覺到地震。後來隴西送來消息，那裏發生了一次大地震。與地動儀所測方向和時間皆相符合。因此大家都對張衡的才能深爲佩服。

在張衡之後，地動儀也被複製過，但是唐宋之後，人們雖有複製之心，由於種種原因而未遂。此外，在十三世紀，古波斯的馬拉加天文臺設置有一架地震儀，這也許與中國發明的地動儀有關；地動儀還可能傳到了日本。

十八世紀，西方出現了近代第一台地震儀，其裝置是一個

盛水銀的碟子，當地震發生時，水銀就溢出，藉此來測知地震。對此，英國科學史家李約瑟驚歎道：「張衡所採用的原理竟比十八世紀的地震儀更爲現代化。」儘管如此，歐洲的地震儀的發明權也可能要歸屬於中國人。因爲在一六六三年，清代欽天監官員創製了一台地震儀，它是 一個放進小球的銅盤。據推測，當時來華的外國傳教士很可能將此帶回西方，並且進行了一些改進。

從地動儀的發展來看，中國古人對槓桿、慣性和平衡問題都有了較深的認識，對古代機械的發展產生了促進的作用。

1.5 小孔中的世界

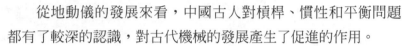

在戰國時期，著名思想家和科學家墨子開創的學派——墨家學派對中國的學術發展產生了重要的影響。在科學技術上，他們也作出了很大的貢獻。對於光學的研究，他們進行了世界上最早的小孔成像實驗。

通過小孔成的像是倒立的，這是因爲投射到屏上的一切光線均相交於小孔處一點。這個小孔很細小。墨家的學者認爲，光照在人身並從人身發出，這光像射出的箭一樣。而從足部射向下方的光線被小孔下面的牆擋住了，足部射出的光線只能通過小孔成於螢幕高處；從頭部射向上部的光線被牆擋住了，它只能通過小孔成像於螢幕低處。當物距由遠而近，螢幕上的像則由小而大。

在小孔成像的研究中做出突出貢獻的還有宋末的趙友欽。他是南宋皇室的成員，對光學很有研究，其中最有名的是關於小孔成像的研究。

　　趙友欽在牆壁上鑿一小孔。他發現，這個小孔並不圓，但是日光或月光通過小孔成的像卻都是圓的。小孔大小雖有不同，但是像的大小卻相等，只是濃淡不同。如果把像屏移向小孔，則像變小，並且亮了一些。經過反覆的實驗研究，趙友欣認識到，由於孔很小「不足容日月之體，是以隨日月之形而皆圓，及其缺，則皆缺」。這就是說，小孔所成的是太陽和月亮的像。

　　為了進一步的研究，趙友欽還在一樓房內挖了兩個直徑約四尺的深坑，左阱深八尺，右阱深四尺，左阱內可放一高四尺的桌子。阱上加蓋，蓋板有一孔。他用兩塊直徑為四尺的圓板分別放在左右二阱中，每塊板上放一千多支蠟燭做為光源。樓天花板是像屏，用於承接所成的像。趙友欽的設計是很巧妙和合理的，它的光源較為穩定，還可以控制和調節光源的亮度。

　　趙友欽透過實驗發現：

　　當光源、小孔和像屏距離保持不變，兩阱口蓋子的小孔為方形，但左板孔寬一寸，右板孔寬一寸半。實驗時，左阱的蠟燭放在桌上；左右阱內的蠟燭數一樣，並且都點燃。趙友欽發現，像的大小幾乎一樣，但二者濃淡不同，濃度不同與孔的大小有關。每一燭光成像「點點而方」，但一千多支燭光「周遍疊砌」就可以形成一圓且倒的像。兩阱燭光所成的像有濃淡之差，是由於孔徑不同而「所容之光」不同造成的。

　　當改變光源時，趙友欽將右阱東邊蠟燭滅掉一半，右邊成像與日月蝕相似。他又將左阱大部分蠟燭滅掉，只剩二十多根亮著，它構成的圓形光像很淡。這說明物體上照度與光源強度成（正）比例。若只剩一根點燃的蠟燭，則形成一個方形的光像。

改變像距。他將兩板掛在樓板上作像屏，這就減小了像距，結果使得像變小且濃了。

改變物距。他取走阱中的桌子，使左阱物距加大四尺。這樣左阱的像小而狹，右阱比起來就大而廣。此外，左阱的像光和右阱的像光卻差不多。

趙友欽的實驗大大擴展了對小孔成像的認識，更重要的是，他對實驗的重視，是很有些實證的精神的。這在中國古代物理學發展史上有重要的地位，他的實驗的確是中國物理學上的一個首創。

小孔成像的研究不僅使人們加深了對它的認識，而且重視對它的應用，特別是它在天文上的應用。元代著名科學家郭守敬利用小孔成像的原理發明了「仰儀」和「景符」。仰儀像一口仰放著的鍋，沿口周邊刻著方位，其內表面刻著座標網格，從鍋口向中心伸進一根竿子，桿端裝有小方板，在板上開著一個小孔。陽光穿過小孔在仰儀的內表而成像，這樣可以直接讀出在某個時刻太陽處於天球上的位置。在發生日蝕時，可以借助仰儀清楚地觀測到日蝕的過程。

景符是郭守敬對圭表觀測技術的重要改進。由於郭守敬將表高增至三十六尺，頂部的橫梁直徑也有三寸，使得投射到量尺面上的「線」（影）模糊不清，影響了觀測的精度。為了提高觀測精度，郭守敬設計了一個部件。這是一片斜置的薄銅片，傾角可以根據太陽光線的傾斜程度而調節；銅片的中心有一個小孔，調整銅片的傾角，使太陽、橫梁和（銅片上的）小孔成一直線，投射在量尺表面上的影子是一條細而清晰的橫線。用這樣的裝置可以很精確地測得日影的長度。

1.6 有趣的燈具

在五代時，人們發明了一種「信號燈」。傳說五代時一位名叫莘七娘的人扎成一個竹紙燈籠，下面用松脂燈點燃，借助熱空氣的升力，將燈籠升起，發出信號。人們把它叫做「松脂燈」。由於燈籠是靠加熱而獲得升力的，由此可以將「松脂燈」看作是古代的「熱氣球」了。

作為燃氣燈，名氣最大的要算是「走馬燈」了。它也被叫做「馬騎燈」。對於它，古書上有很多記載。

對於秦漢時期的「青玉燈」，史書是這樣描寫的：「高祖初入咸陽宮，周行庫府，金玉珍寶，不可稱言。其尤驚異者有青玉五枝燈，高七尺五寸，作蟠螭以口銜燈。燈燃鱗甲皆動，煥炳若列星而盈室」。「高祖」就是漢高祖劉邦。從字面上看，這是以熱氣流推動作為燈檯的蟠螭的鱗甲的動力，這些鱗甲晃動起來，並且可以在燈光的映照下閃閃發光。

估計「走馬燈」就是受「青玉燈」的啟示而發明的。這種走馬燈往往在上元燈節時展示。南宋著名詩人范成大曾有詩句「轉影騎縱橫」來描述，姜夔也有詩句「紛紛鐵馬小迴旋，幻出曹公大戰車」來描述走馬燈。南宋的周密記載了許多燈，並且也提到走馬燈，即「沙戲影燈，馬騎人物，旋轉如飛」。其中的「影燈」就是走馬燈。

走馬燈的結構大致是這樣的，「走馬燈者，剪紙為輪，以燭噓之，則車馳馬驟，團團不休。燭滅則頓止矣」。可見這種燈燭是以燃氣作動力來驅動紙輪（俗稱「傘」）的，輪子上的作成車馬或人物形狀的輪扇轉動起來，就像車馬或人物跑動起來；當燈燭滅時，動力消失了，輪子就不轉了。如果輪子轉動速度

合滴，在燈罩上形成的投影也是動態的，就像電影畫面，看上去很有趣。

在清乾隆年間，江西省景德鎮的製瓷藝人還製作了瓷器走馬燈，極其精巧。但都是利用燈燭燃燒產生的燃氣做推動力，使瓷瓶轉起來。

大約到十六世紀，走馬燈傳入了西方。走馬燈的結構和原理都不複雜，並且主要是一種玩具，但是從原理上看，它完全可以看作是現代燃氣渦輪機的始祖。

南宋陸游還提到一種「省油燈」，這種燈具的結構是：「夾燈盞也。一端作小竅注清冷水於其中，每夕一易之。尋常燈盞為火所灼而燥，故速乾。此燈不然，其省油幾半。」這種燈具在中國南方和北方曾有大量出土，在古代使用得較為普遍。

「省油燈」的結構並不複雜，它有一個夾層，夾層中注入清涼水。因為燈火可以照明，也可以加熱燈油，油溫一高會使燈油蒸發過快。而清涼水有降溫作用，使蒸發減慢，可達到「省油幾半」的程度。二十世紀八○年代中期，有人做過測驗，像陸游所說的那種「省油燈」，可以省油16％。這種做成一個水套的冷卻方法在現代工業中仍在使用，因而，可以把它看作現代水套冷卻的始祖。

1.7 音樂中的學問

音階是將一個八度中的音均按照全音或半音的距離排列，並分別被稱為「全音音階」和「半音音階」。全音是兩個半音音程之和；在將一個八度劃分為十二個音的律制中，半音是任何相鄰兩音之間的音程。這種十二個半音各有名稱，並統稱為十

二律。一般來說，音階可將某一調式中各音從主音到八度音、按音高次序排列而成的音列。按調式所包含的音的數量可分為「五聲音階」或「七聲音階」。中國古代無「音階」這個術語，所以就稱為「五聲」或「七聲」。中國人五聲的名稱是「宮、商、角、徵、羽」，七聲的名稱是再加兩個變聲：「變徵」和「變宮」，「變徵」也被叫做「繆」，「變宮」叫做「和」。五聲的名稱最早見於《左傳》，它的起源可能與天文學上的二十八宿有關，這是神秘主義在律學研究上的表現。

十二律也稱「律呂」。這是律學研究的核心，所以古人也稱律學為「律呂」或「律呂之學」。十二律的名稱按音高順序排列可分為：黃鐘、大呂、太簇、夾鐘、姑洗、仲呂、蕤賓、林鐘、夷則、南呂、無射、應鐘。與今天的音名比較，它們相當於C、$^{\#}$C、D、$^{\#}$D、E、F、$^{\#}$F、G、$^{\#}$G、A、$^{\#}$A、B。按此排列，位於單數者稱為「六律」或「陽律」，位於雙數者稱為「六呂」、「陰呂」、「六同」或「六間」。由此可見，「律呂」就是（六）律和（六）呂的合稱。

五聲可能產生於商代，至遲也在西周時期。然而，就製作能發出五聲或七聲的樂器的年代來說。二十世紀八〇年代，在河南省舞陽縣賈湖遺址發現十六支骨笛，其製作的年代可追溯到八千年前。這些骨笛是豎吹的，形狀固定且製作精美，對其中一支保存完整無裂紋的骨笛進行測試，它可以發出六個音：宮、商、角、和、徵、羽，相當於do、re、mi、sol、la、si。而這正與中國的傳統音階相符。如此高的科學藝術成就，真使人歎為觀止！八千年前的中原大地的確發生了一次智慧的大爆炸，我們至今尚能感到那裊裊的餘音。

五聲在七聲中占核心地位，而宮在音律計算中的地位尤為

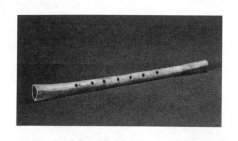

圖1-1 八千年前的古笛

重要。計算中通常從宮音開始，最後返回到宮位，這稱作「返宮」。當一種音階形式確定之後，不僅黃鐘可以爲宮，其他各律也可「輪流爲宮」，古代稱爲「旋宮」。同時，音階中各音也可以輪流爲主音，而形成各種調式。以宮音爲主的是宮調式，以徵音爲主的稱徵調式等。這樣，十二律與七聲可組成八十四調。

　　五聲音階體系雖然在四、五千年前就已經確立了，但是對它開展數學和物理學上的研究和論證，並且使其規範化卻是從春秋戰國時期才開始的。其中最重要的成就是確立了一種重要的數學物理方法——「三分損益法」。它最早見於《管子》一書中。

　　《管子》中的具體作法是，將一空弦依次乘以2/3或4/3，即加長1/3（「益一」）或縮短1/3（「損一」），分割成不同的長度，這就產生出頻率不同的樂音，具體的推算是：

宮音的弦長爲　　　　$1 \times 3 \times 3 \times 3 \times 3 = 81$

徵音的弦長爲　　　　$81 \times 4/3 = 108$

商音的弦長爲　　　　$108 \times 2/3 = 72$

羽音的弦長爲　　　　$72 \times 4/3 = 96$

角音的弦長爲　　　　$96 \times 2/3 = 64$

由於弦長與頻率成反比，在這些弦長下產生的音的頻率比為2/3，相差約五度的音程。由此看來，由三分損益法得來的五聲音階實際上是由許多相差五度的音相生而成。因此，與古希臘畢達哥拉斯（Pythagoras）奠定的「五度相生法」是完全一樣的，但是管子要早於畢達哥拉斯一百多年。為什麼樂音要相隔五度呢？這是由於頻率比為3/2是在音程中（除2/1外）是最簡單的一個，也是最諧和的一個音程。

三分損益法是古代律學研究的一項重大成就。但是按三分損益法生成的「十二律」是一種不平均律，在轉調時，就會出現一些問題。由此人們花了長達千年的時間尋找理想的平均律。

朱載堉是明太祖朱元璋的九世孫。在樂律學研究上取得重要的成就，十二平均律完成於萬曆年間（1573-1619）。在十二平均律中，相鄰兩律之間的頻率比數是相等的。朱載堉的方法是把二開十二次方，他用算盤做開方運算，得到了二十五位元數位，但這裏只取1.059463（七位）。他選取黃鐘弦的長度為一尺，而後乘以1.059463，得到應鐘的長度，這樣做共十二次，就得到十二律的「律數」（或長度），具體的數位是：

黃鐘	應鐘	無射	南呂	夷則	林鐘
1.000000	1.059463	1.122462	1.189207	1.259921	1.334839

蕤賓	仲呂	姑洗	夾鐘	太簇
1.414213	1.498307	1.587401	1.681792	1.781797

大呂	（倍）黃鐘
1.887748	2.000000

其中倍黃鐘比（正）黃鐘長一倍，即低一個八度。

西方找到十二平均律比朱載堉要晚五十至一百年。著名的德國物理學家亥姆霍茲（Hermann von Helmholtz, 1821-1894）對朱載堉的音律學研究給予了高度的評價。他指出：「在中國人中，據說有一個王子叫載堉的，他……把八度分成十二個半音以及變調的方法，也是這個有天才技巧的國家發明的。」亥姆霍茲的說法中有明顯的錯誤，但對朱載堉的評價還是較爲中肯的。

1.8 一鐘發雙音

編鐘是中國古代的一種重要的樂器。陶製和木製的鐘的製作年代十分久遠，距今約有三千年的時間了。銅製的鐘起源於商代的銅鈴，二者的外形很相似，但鐘的形體要大得多，商代最大的銅鐘重量已達一百零九公斤。從西周出土的編鐘來看，當時的鑄鐘技術已經達到很高的水準。在陝西長安和扶風出土的編鐘，其外形美觀，比例勻稱。特別是山西省侯馬市上馬村出土的一組春秋中葉的編鐘（九件），其音階的設置跟《管子》中的講述完全一樣。而河南省信陽市出土的楚國的編鐘（十三件），其音階跨兩個八度，這組編鐘的年代在春秋末年或戰國初年，湖北省隨州市曾侯乙墓出土的戰國時期編鐘，其製作的年代爲楚惠王五十六年（西元前四三三年）。這組編鐘共六十四件，並有一件鎛鐘。最大的鎛鐘重203.6公斤，高1.53公尺；最小的重2.4公斤，高20公分。編鐘的總重爲兩千五百公斤以上。

　　編鐘的外形是扁的，故此也稱作「扁鐘」。北宋科學家沈括在指出這一特徵時說，「古樂鐘皆扁如合瓦」。編鐘的上部叫「鉦」，下部叫「鼓」。撞擊鼓部，即可發出樂音。每個樂鐘可以發出兩個音，這是著名音樂家呂驥和音樂史家黃翔鵬等人於二十世紀七〇年代中期發現的。因此，這種樂鐘也被稱作「雙音鐘」。雙音鐘的發音部位鼓部的正中位置（有兩個）和鼓部的旁側位置（有四個），它們分別被稱作「中鼓音」和「旁鼓音」或「側鼓音」。雙音鐘大概起源於西元前十四至前十三世紀。二十世紀八〇年代，一些科學家對古代樂鐘進行了實驗研究，發現了編鐘發聲的振動規律，並首次揭示了雙音鐘發聲的聲學之謎。

　　對於鐘的形狀對發聲的影響，古人是經過了長期的摸索後才搞清楚的。在《周禮》一書中，人們研究了鐘的各種形狀對發聲的影響，並作了總結性的論述，發現樂鐘的十二種形狀對它的發聲是有影響的。這種對各種樂音效果的研究是要積累大量的經驗和經過大量的實驗才能搞清楚的。

　　關於編鐘的製作，在《考工記》中，人們還注意到鑄鐘時的青銅合金配比，以保證鐘聲合乎樂音的要求。由於鑄好鐘後，起音響總是有一點點兒的誤差，因此關於調音的問題是很重要的，對此書中講到，可以通過對「隧」（鐘下部、內部的一道槽）的厚度調整來實現。這可以從出土的一些編鐘上看到，在編鐘的內壁上有刮削和水磨的痕跡。由此可見，《考工記》中關於製鐘技術的記述是非常科學的。這也是世界上第一部涉及到製鐘聲學技術的論著，具有很高的價值。

　　沈括對古樂鐘發聲問題很有研究。他也注意到，「鐘圓則聲長，扁則聲短；聲長則曲，節短處聲皆相亂，不成音律」。其

中「節」是發音短促，「曲」是發音延長，「節短」是節奏快。大意是，圓鐘作爲編鐘來演奏是不合宜的，因爲節奏快時會發生前後音相混，不成音律，扁鐘則沒有這個問題，它作爲編鐘演奏快節奏的樂曲時沒有前後相混的問題。

圓鐘作爲樂鐘並不適宜，但用在寺廟中敲擊發出巨響是很好的。明永樂年間鑄造的「方均鐘」（即「永樂大鐘」，現存北京大鐘寺）就是一例。

1.9 天壇傳聲真巧妙

明代永樂年間，明王朝初遷北京，所以開始建造進行祭祀活動的各種壇廟，其中包括在北京南郊建造的祭天祈穀的天壇。天壇的祭祈建築是祈年殿和圜丘，輔助建築還有齋宮和皇穹宇等。

天壇馳名中外，除了祈年殿特殊的建築結構和精美的布局之外，這裏的幾處奇妙的聲學效應吸引著大批的遊客。

回音壁是皇穹宇的圍牆，高約六公尺，直徑爲六十五公尺。在皇穹宇的北邊是供奉牌位的主殿，主殿與圍牆之間最短的距離爲二點五公尺。整個圍牆的表面非常光滑，是很理想的聲音反射體。如果有兩人相隔很遠，處於甲位置的人貼近圍牆小聲說話，聲音就會沿回音壁傳至位於乙位置的人。由於主殿的遮擋，聲波沿回音壁傳播受到一定的限制，即當聲波與圍牆切線的交角小於二十二度時，聲音可沿回音壁遞次反射到乙處；如果大於二十二度時，聲音傳至主殿近處時就受到主殿散射，不能沿壁傳播。這就是說，二十二度是一臨界角，只有小於二十二度就可以發生全反射。

聲音為什麼不能從甲直接傳至乙呢？這是由於聲波透過空氣直傳是按 $1/R^2$ 衰減，而沿牆壁反射按 $1/R$ 衰減，因此儘管直傳的距離近很多，但聲音還是很快就衰減掉了，而沿回音壁反射衰減較小，可以收聽到經過若干次反射的聲音。據計算，二者的強度相差四十倍左右。

從皇穹宇主殿出來，下臺階後踏上甬路，數到第三塊石板，站在上面拍手掌可以聽到三聲回音，為此這塊石板就叫做「三音石」。經測量，「三音石」恰好位於回音壁的中心。

為什麼在三音石上能聽到三聲回聲呢？這是由於回音壁和東西配殿的作用的結果。當擊掌的原聲傳至東西配殿和回音壁後，先後返回三音石。由於配殿的距離較近，其反射聲先抵達三音石，回音壁的反射聲後抵達三音石。這樣，可以聽到兩聲回聲。當再次回到「三音石」時，就只有從回音壁回來的回聲了，而從配殿反射的聲音已被散射掉了，因此只能聽到三聲回聲，而不是四聲。

對話石是近年來發現的一種新的聲學效應。這是皇穹宇前甬路上的第十八塊石板。當在這上面輕聲說話時，站在東配殿東北角的同伴可以清楚地聽到，並立即回話。其實他們兩人彼此是看不見的。在對話石上還可以與西配殿的對稱位置上的人對話。根據分析已弄清楚它的傳聲機制，即聲波經過回音壁一段牆壁的反射和會聚，在對話石和東配殿東北角（或西配殿西北角）之間傳播。

圓丘位於皇穹宇的南面，是一個三層的圓形石台，最高層離地面約五公尺，半徑十一點四公尺，每層圓臺周圍有石柱桿。

站在中心的石板（「天心石」）上講話，覺得好像是增音

了。經過測試發現，從天心石發出的聲音，由於石欄桿和（石）地面的反射作用，在天心石上可以接收到三個回波，它們與原聲混合後，可以使聲音變得更加渾厚和悅耳，強度也加大了。

除了天壇回音壁和圜丘的聲學效應，在中國還有三處有名的「聲學」建築，即山西省永濟縣普救寺中的鶯鶯塔、河南省三門峽市的寶輪寺塔，以及四川省潼南縣大佛寺內「石琴」，它們並稱中國四大回音建築。

1.10 偉大的發明──指南針

中國古代對磁石的吸鐵性很早就有所認識，並將指極性很早就應用在方向的辨認和確定上。先秦的一些書曾經提到一種叫「司南」的裝置，實際上就是一種磁性指向裝置。那它的樣子如何呢？東漢時期的浙江學者王充給予了較爲明確的說法，他講道：「司南之杓，投之於地，其柢指南。」從這三句話可以看出，「司南」的形狀是ㄣ（「杓」）形的，使用時放在地（盤）上；旋轉「司南」，待「司南」穩定後，它的長柄（「柢」）指向的就是南方。我們現在可以在許多博物館看到的早期磁性指向器就是王充所說的「司南」。

由於「司南」杓底與地盤的摩擦使其指向的精度受到較大的影響，因此推廣使用起來就受到一定的限制。

北宋時，人們爲改進「司南」的指向精度而創製了新的指南儀器──「指南魚」。這是藉助人工磁化方法創製的磁性指南器。爲了減小像「司南」與地盤的摩擦，使用指南魚要放在水面上，並且要避免風的干擾。

值得指出的是，指南魚與「司南」比起來，指向精度有所

提高，由於是藉助人工磁化方法，製作這種指向儀器也更容易一些；但由於它的磁性較弱，使它的使用價值大為降低。

在對磁性指南器的改進上，北宋科學家沈括的貢獻最大。對於磁鐵的磁化問題，他提出了用「磁石磨針鋒」的方法。這種方法既簡便易行，效果也比較好。

對於指南針的形制，沈括記載出了四種。第一種裝置是把磁鐵橫穿在燈心草上，而後放在水面上。這種指南針的缺點是由於液面的晃動而不穩定，對指向的效果有影響。

第二種和第三種裝置是把磁鐵放在光滑的指甲或碗沿上。它們的優點是運轉靈活，但缺點也是明顯的，即非常不穩定。

第四種裝置是用懸絲繫住磁鐵的腰部，使用時將指南針懸在空中，因此它避免了上面三種指南針的缺點，而且運轉也很靈活。

在南宋，人們繼續改進指南針，創製了兩種形制的指南器。工匠用木頭刻成魚形，如拇指大小，並在它的腹部開一竅。在這竅中放好一個磁鐵，用蠟填滿這個腹竅。使用時，將它放入水面，自然就指南了。如果以手撥轉一下，又會很快指向南。由於指南針是魚形，所以就叫做「指南魚」（與上面提到的「指南魚」是不一樣的）。

另一種形制是，用木頭刻一個烏龜的形狀，就像製造木頭指南魚的方法一樣，並在「烏龜」的「腹下微陷一穴，安釘子上」。

這兩種磁性裝置可以看作是羅盤的前導。羅盤是磁鐵與有分度的「地盤」組合起來的裝置。

魚龜二制中，「指南魚」屬「水針」，明清航海中仍使用這種指南針。正如明代的記載，在宣德九年（1434年）人們用這

圖1-2 持羅盤俑

種「水針」來指向，並爲航船導航。這也是關於航海羅盤結構的最早記述，可以看作「水羅盤」的始祖。一般來說，指南龜也被稱作「旱針」或「乾針」，它可以看作是「旱羅盤」的始祖。「旱羅盤」可以克服「水羅盤」飄忽不定的缺點。

地盤產生於漢代，這在上面已經提到，磁鐵與地盤的結合可能是在宋代，當時有一種「地螺」或「地羅」就是利用了地盤的裝置。明代的航海羅盤還採用以前的（地盤的）刻度形式。因此「地羅」也被稱爲「地羅經」或「羅經盤」，簡稱爲「羅經」或「羅盤」。一九八五年，在中國江西省臨川的一座南宋墓出土一個陶俑，陶器底部寫著「張仙人」三個字，估計他是一個風水先生。這位「張仙人」的腰部掛著一個羅盤。因此可見，羅盤大約出現在南宋時期。

我國的指南針可能在十二至十三世紀傳入阿拉伯地區，進而又傳到了歐洲。由於航海業的發展，歐洲人大大改進了指南針，使旱針的技術臻於成熟，並使它得到迅速的普及。可見指南針爲航海業的發展創造了條件，爲經濟貿易的發展帶來了繁榮，爲世界文明的發展作出了貢獻。

What Is Physics?

2.近代物理學的建立

　　科學史上，一般將古代科學與近代科學的界線劃在一五四三年。因為在這一年誕生了哥白尼（Nicolaus Copernicus）的《天體運行論》和維薩留斯（Andreas Vesalius）的《人體構造》，它們的出版開始了自然科學從神學中解放的進程，標誌著近代科學的誕生。近代物理學是這場科學革命的先鋒，牛頓於一六八七年出版的《自然哲學的數學原理》標誌著經典力學理論體系的完成，建立了適用於天體與地面物體的統一理論，實現了人類科學認識史上的第一次大綜合。

2.1 天文學的突破

　　經典物理學是在十六世紀到十七世紀中葉的近代科學革命中誕生的，而近代科學革命是從天文學開始的。尼古拉·哥白尼是偉大的波蘭天文學家，他以驚人的天才和勇氣揭開了宇宙的秘密；他寫的《天體運行論》成為「自然科學的獨立宣言」。

　　哥白尼於一四七三年二月十九日出生在波蘭西部維斯杜拉河畔托倫城的一個商人家庭。家裏兄妹四個，哥白尼是最小的。在他十歲時，父親去世了，舅父盧卡斯承擔起了撫育他的重任。一四九一至一四九五年，哥白尼進入克拉科夫大學學習。克拉科夫是當時波蘭的首都，也是東歐最大的貿易和文化中心。由於它地處東西歐交通要衝，所以比較早地受到義大利文藝復興的影響。哥白尼在先進的人文主義思想的薰陶下，在心靈裏埋下了向經院哲學挑戰的種子。

　　一四九六年，哥白尼前往義大利求學，先後進入博洛尼亞大學、帕多瓦大學和費拉拉大學學習和研究法律、天文學、數學、神學和醫學。他結識了許多倡導人文主義的學者，對他的

影響最大的是波侖那大學的天文學家諾瓦拉。從他那裏，哥白尼學到了天文觀測技術以及希臘的天文學理論，而對希臘哲學著作的鑽研給了哥白尼批判托勒密（Claudius Ptolemy）理論的勇氣。一五〇三年，哥白尼獲得了博士學位。一五〇六年，哥白尼回到了闊別十年的祖國——波蘭，開始構思他的新宇宙理論。

　　自古以來，人類就對宇宙的結構不斷地進行著思考，早在古希臘時代就有哲學家提出了地球在運動的主張，只是當時缺乏依據，因此沒有得到人們的認可。在古代歐洲，亞里斯多德和托勒密主張地心學說，認為地球是靜止不動的，其他的星體都圍著地球這一宇宙中心旋轉。這個學說的提出與基督教《聖經》中關於天堂、人間、地獄的說法剛好互相吻合，處於統治地位的教廷便竭力支持地心學說。因而地心學說長期居於統治

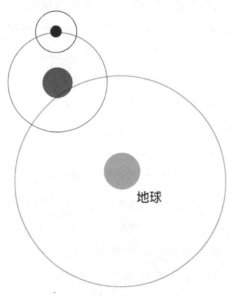

圖2-1　本輪體系示意圖

地位。

　　雖然地心說解釋了一些行星運動現象，但是由於航海事業的發展，對於精確的天文曆表產生了迫切的需要。到文藝復興運動時期，人們發現托勒密所提出的均輪和本輪的數目竟多達八十來個。顯然這對編製曆表來說是很繁瑣的，這使人們非常關注天文學理論的變革。在這種歷史背景下，哥白尼的地動學說應運而生了。在哥白尼的日心地動說中，用太陽取代地球位於宇宙的中心，而且他還提出了地球自轉和公轉的概念，這是革命性的變化。這裏有一個問題：哥白尼出於什麼動機不是修補地心說模型，而是要建立自己的宇宙體系呢？伽利略在《關於托勒密和哥白尼兩大世界體系的對話》中給出了答案，他指出是因為哥白尼發現了托勒密學說「其組成部分相互之間非常不對稱，無法合成一個整體」，「因此不管一個天文學家作為一個計算者可能把任務完成得非常好，但是作為一個科學家來說，他是不能滿足和不能獲得寧靜的，他深深懂得天體現象也可靠基本上錯誤的假說來自圓其說，但是如果根據真實的假設來引申這些現象，那就要好得多」。可以說，建立一個符合自然真實的、和諧的宇宙體系是哥白尼的目標。

　　哥白尼廣泛學習了前人的理論，他曾閱讀了大量古希臘的學術典籍，從畢達哥拉斯學派的著作中得到啟示，接受了大地運動的思想。在此基礎上，透過分析、歸納，進一步抽象出「相對運動」的概念。有了「相對運動」的概念，實際上就已初步揭示了人們觀察物體運動的參照系問題。同一物體的運動放在不同參照系觀察會有不同的表現，這也就把人們的直觀印象與科學觀察區別開了，把物體的視運動和實際運動區別開了。可以說，這是哥白尼建立日心說的關鍵一步。

這樣，哥白尼透過試探性假說，找到了地球繞太陽運動極可能是一切天體視運動現象的根本原因，從而使天文學的理論框架發生了根本的變化。

一五三九年，哥白尼就寫出了《天體運行論》，系統地論述了他的日心地動說。他深知這一理論極富革命性，所以遲遲沒有公諸於世。後來，在朋友和學生的反覆勸說下，才同意出版這部著作。全書共分六卷，第一卷是關於日心說宇宙體系的總概述，其餘各卷是把日心說具體用來解釋各大行星的視運動。

一五四三年五月二十四日，彌留之際的哥白尼終於見到剛剛出版的《天體運行論》，可惜當時的他已經因為腦溢血而雙目失明，他只摸了摸書的封面，便與世長辭了。

《天體運行論》中那具有創造性的理論思想，為克卜勒、伽利略、牛頓這些後來者們拉開了天文學革命的序幕。《天體運行論》不僅是現代天文學的起點，同時也是現代科學的起點。因此，一般都把一五四三年《天體運行論》的出版，作為近代科學革命發生的標誌。

十五世紀末期，歐洲在經歷了教會勢力長達一千三百年的封建統治之後，人們開始逐漸掙脫精神上的枷鎖。資本主義發展、文藝復興運動、宗教改革以及地理大發現等為自然科學的發展，提供了強而有力的推動。哥白尼是歐洲文藝復興時期的一位巨人。他用畢生的精力去研究天文學，為後世留下了寶貴的遺產。由於時代的局限，哥白尼的學說也存在著不足的缺

●哥白尼●

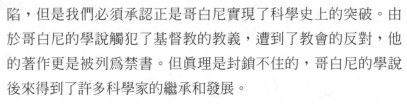

陷，但是我們必須承認正是哥白尼實現了科學史上的突破。由於哥白尼的學說觸犯了基督教的教義，遭到了教會的反對，他的著作更是被列爲禁書。但眞理是封鎖不住的，哥白尼的學說後來得到了許多科學家的繼承和發展。

舉世公認，哥白尼的日心說是近代科學革命的號角。社會主義哲學家恩格斯說：「自然科學藉以宣布獨立並且好像是重演路德焚燒教諭的革命行爲，便是哥白尼那本不朽著作的出版，他藉這本書（雖然是膽怯地而且可以說只在臨終時）來向自然事物方面的教會權威挑戰。從此自然科學便開始從神學中解放出來，儘管個別的互相對立的見解的爭論一直拖延到現在，而且在許多人的頭腦中還沒有得到結果。但是科學的發展從此便踏開大步地前進，而且得到了一種力量，這種力量可以說是與從其出發點起的（時間的）距離的平方成正比。」

偉大的科學家愛因斯坦（Albert Einstein）在哥白尼逝世四百一十周年紀念會上講：「我們今天以愉快和感激的心情來紀念這樣一個人，他對西方擺脫教權統治和學術統治枷鎖的精神解放所做的貢獻幾乎比誰都要大。」

2.2 天空的立法者——克卜勒

在哥白尼日心地動說的曲折的發展里程中，克卜勒作出了重要的貢獻。克卜勒是德國近代著名的天文學家、數學家、物理學家和哲學家，他以數學的和諧性探索宇宙，在天文學方面做出了巨大的貢獻，並爲牛頓的力學研究奠定了基礎。

第谷·布拉赫（Tycho Brahe）出身於丹麥的貴族家庭，十三歲進入哥本哈根大學學習法律和哲學。他十四歲時因當年的

一次日蝕引起他對天文學的濃厚興趣，後改學數學和天文學。一五七二年秋天，天空中突然閃現一顆明亮的新星。它的出現，驚動了全世界，也激發了年輕的第谷獻身天文觀測的熱情。第谷仔細觀測了這顆新星，指出它不是一顆行星，而是一顆恒星。這項觀測結果使第谷在天文學界聲望大增。丹麥國王腓特烈二世為防止這位傑出的天文學家流失到其他國家，把位於哥本哈根和赫爾辛基之間海峽上的赫芬島交給他使用，並撥給他一筆款項。一五八〇年，第谷建立了近代第一個真正的天文臺，配備了當時最精密的觀測儀器。

第谷在那裏待了二十一年，做了大量觀測，積累了相當多的觀測資料。而且，他所作的觀測精確度高，是他同時代的人無法相比的。他在二十年間對各個行星位置的測定，誤差不大於0.067度，這個角度大致相當於將一枚針舉一臂遠處，用眼睛看針尖所張的角度。第谷雖然不接受地動概念，但也不滿意托勒密體系。他採取一個折衷辦法，於一五八〇年提過他自己另行設計的混合體系——第谷體系：把地球安置在世界中心，太陽、月亮以及包含全部恒星的第八重天以地球為中心而運行，五顆行星則繞太陽運行。

一五九七年，第谷離開丹麥，應德國國王魯道爾夫二世的邀請，舉家遷往布拉格定居。但第谷的折衷體系沒有在歐洲產生很大影響，隨著克卜勒三大定律的產生，第谷體系也就消聲匿跡了。一六〇一年十月二十四日，第谷·布拉赫在短期病重以後突然意外地逝世。在第谷臨終前，他將克卜勒選定為他的科學遺產——二十多年觀測材料的繼承人。

克卜勒生於德國南部瓦爾城，為了將來找到一個合適的工

作，他進入大學學習神學。求學期間，他顯示了出眾的數學才華。受學校天文學教授麥斯特林的影響，克卜勒得知了哥白尼學說，並成為哥白尼體系的擁護者。一五九四年，克卜勒大學畢業後，到奧地利格拉茨教會學校任教。在這裏，克卜勒業餘時間全部用來鑽研天文學。一五九六年，克卜勒寫出了《宇宙的神秘》。在這本書中，克卜勒不僅提出了行星運動的幾何圖像，而且還表達了尋求行星運動的物理原因的想法。第谷看了這本書，非常讚賞克卜勒的理論思維才能。

一六○○年二月，克卜勒來到了布拉格，成為第谷的助手。此後，克卜勒和第谷朝夕相處，共同研究他們感興趣的問題。克卜勒和第谷的會面乃是歐洲科學史上最重大的事件。這兩位個性迥異的天文學家的相會標誌著近代自然科學兩大基礎——經驗觀察和數學理論的結合。沒有第谷的觀察，克卜勒就不可能改革天文學。

克卜勒繼任第谷的工作，第谷的觀測記錄到了克卜勒手中，竟發揮了意想不到的驚人作用。克卜勒發現不論是哥白尼體系、托勒密體系，還是第谷體系，沒有一個能與第谷的精確觀測相符合。這就使他決心查明理論與觀測不一致的原因，全力揭開行星運動之謎。

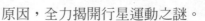
●第谷●

What Is Physics?

為了尋找宇宙秩序，克卜勒要解決的問題包括兩方面：第一，想辦法確定行星（包括地球）運動的「真實」軌道；第二，分析行星運動遵循什麼樣的數學規律。

聰明的克卜勒選擇火星作為突破口。因為第谷留下的資料中以火星最為豐富；而且火星的運行也與哥白尼理論出入最大。開始，克卜勒像前人一樣按照傳統的偏心圓來探求火星的軌道。他作了

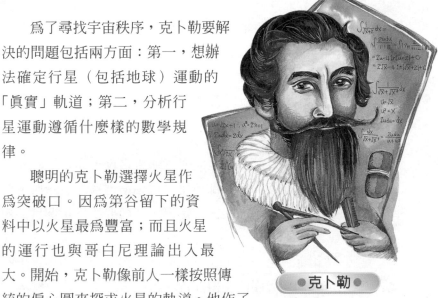

● 克卜勒 ●

大量嘗試，每次都要進行艱巨的計算。在大約進行了七十次的試探之後，克卜勒終於找到一個與事實相當符合的方案。但是，使他感到驚愕的是，他發現與第谷的其他資料不符，相差約八角分，即0.133度。克卜勒完全相信第谷觀測的辛勤與精密，認為這八分是不允許忽略的。他說：「感謝上帝賜給我們一位像第谷這樣的天才的觀測者，這八分誤差是不應該忽略的，它使我走上改革整個天文學的道路。」

他敏感地意識到火星的軌道並不是一個圓周。隨後，在進行了多次實驗後，克卜勒將火星軌道確定為橢圓，並用三角定點法測出地球的軌道也是橢圓。

一六〇九年，克卜勒發表了《新天文學》一書，公布了兩個定律。

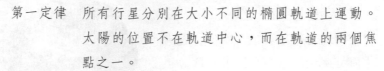

第一定律　所有行星分別在大小不同的橢圓軌道上運動。太陽的位置不在軌道中心，而在軌道的兩個焦點之一。

第二定律　在同樣的時間裏，行星向徑在其軌道平面上所掃過的面積相等。

發現了地球以及其他行星的運行軌跡之後，克卜勒感到自己還沒有揭開行星運動的全部奧秘。他相信還存在著一個把全部行星系統連成一個整體的完整定律，然而要找出這個自然規律也是非常不容易的。

克卜勒和哥白尼一樣，並不知道行星與太陽之間的實際距離，只知道它們距太陽的相對遠近。他把各個行星的公轉周期及它們與太陽的平均距離排列成一個表，對表中各項數位翻來覆去作各式各樣的運算，頑強地苦戰了九年，經過無數次失敗，終於找到奇妙的規律。這就是行星運行的第三定律：

行星公轉周期的平方與它和太陽距離的立方成正比。

由而確定，太陽和它周圍的所有天體不是偶然的、沒有秩序的「烏合之眾」，「而是一個有嚴密組織的天體系統──太陽系」。

克卜勒的三大定律一經確立，行星的複雜運動，立刻失去全部神秘性。它成了天空世界的「法律」，後世學者尊稱克卜勒為「天空立法者」。

克卜勒的三大定律在天文學上有十分重大的意義：首先，克卜勒定律在科學思想上表現出無比勇敢的創造精神。對天體遵循完美的均勻圓周運動這一觀念，從未有人敢懷疑，是克卜

勒首先否定了這一觀念。其次，克卜勒定律徹底摧毀了托勒密的本輪系，把哥白尼體系從本輪的桎梏下解放出來，不需再借助任何本輪和偏心圓就能簡單而精確地推算行星的運動。第三，克卜勒定律使人們對行星運動的認識得到明晰概念。它證明行星世界是一個勻稱的「和諧」系統。這個系統的中心天體是太陽，受來自太陽的某種統一力量所支配。太陽位於每個行星軌道的焦點之一。

克卜勒在第谷二十多年辛勤觀測的基礎上，經過十六年的精心推算，才發現了行星運動的三大定律，其道路如此艱難，成果如此輝煌的科學著作，在世界科學史上是罕見的。

哥白尼學說認為天體繞太陽運轉的軌道是圓形的，且是勻速運動的。克卜勒第一和第二定律恰好糾正了哥白尼的上述觀點的錯誤，對哥白尼的日心說做出了巨大的發展，使「日心說」更接近於真理，徹底地否定了統治千百年來的托勒密地心說。

克卜勒不僅為哥白尼日心說找到了數量關係，也找到了物理上的依存關係，使天文學假說更符合自然界本身的真實。

在為天空立法之後，克卜勒於一六二七年完成了第谷生前交給他的任務，編製了行星運動表，這是當時最完備、準確的星表。克卜勒將此表以《魯道夫星表》為名出版，答謝德國國王魯道夫二世對他們工作的支援。

一六三○年，克卜勒因傷寒而病死。他死後被葬於拉提斯本聖彼得堡教堂，戰爭過後，他的墳墓已蕩然無存。但他突破性的天文學理論，以及他不懈探索宇宙的精神卻成為了後人銘記他的最好的豐碑。在科學與神權的鬥爭中，克卜勒堅定地站在了科學的一邊，用自己艱苦的勞動和偉大的發現來挑戰封建傳統觀念，使人類科學向前跨進了一大步。馬克思高度評價了

克卜勒的品格,稱他是自己所喜愛的英雄。

2.3 伽利略與比薩斜塔

在義大利西部海岸的比薩城,有一座建於一一七四年的「比薩斜塔」。比薩斜塔是一座八層圓柱形建築,塔高五四點五公尺,直徑約十六公尺,位於比薩城的教堂廣場上,是比薩主教堂綜合建築中的鐘塔。每年會有近百萬來自全世界的遊客到此遊覽。比薩斜塔剛剛建成時,塔身就出現傾斜。為了防止比薩斜塔倒塌,義大利有關部門決定於一九九〇年一月開始對公眾關閉,以便進行維修。義大利政府專門成立了「比薩斜塔拯救委員會」,向全世界徵集「扶正」和延緩比薩斜塔傾斜速度的辦法,最後「比薩斜塔拯救委員會」採用一種「抽土糾偏」的辦法,就是從比薩斜塔的北側地基下抽土而將斜塔「扶正」。二〇〇一年十二月十五日,比薩斜塔已重新向遊人開放。

為什麼比薩斜塔如此被人關注?

這不僅是它本身斜而不傾所產生的魅力,更是由於相傳義大利物理學家伽利略曾在比薩斜塔上做過一個自由落體實驗,才使得它今天這樣婦孺皆知。伽利略於一

比薩斜塔

五六四年出生在比薩城，相傳在十七世紀初，他在比薩大學任教時，曾登上比薩斜塔，當著眾多圍觀者的面，讓兩個不同重量的物體同時落下，這兩個物體同一時間落地，不僅推翻了古希臘學者亞里斯多德的不同重量的物體落地速度不同的理論，而且使比薩斜塔名揚天下。時至今日，世界各國的老師們仍在向學生們講述這個故事。

●伽利略●

　　實際上，伽利略是否真的在比薩斜塔上做過落體實驗，還沒有找到直接的證據。科學史上倒是記載了荷蘭的力學家斯台文做過類似的實驗，他用兩個重量相差十倍的鉛球，讓它們從九公尺的高度同時落下來，結果兩隻鉛球落到地板上發出的聲音聽上去就像是一個聲音。那麼，伽利略是如何得到落體運動定律的呢？果真是像傳說中的那樣，他站在高處讓重量不同的兩個球同時落下，一下子就揭露了亞里斯多德理論的錯誤？

　　事實上沒有這麼簡單。伽利略是把理論和實驗兩個方面結合起來探討落體運動規律的。他在《關於兩門新科學的對話》的著作中，借助邏輯推理，利用亞里斯多德自己的邏輯推理方法，從亞里斯多德的理論出發，巧妙地得出了否定他的理論的結論：

　　　　如果我們取天然速率不同的兩個物體，顯而易見，把那兩

個物體連接在一起，速率較大的那個物體將會因受到速率較小的那個物體的影響，其速率要減慢一些，而速率較小的物體將因受到速率較大物體的影響，其速率要加快一些。

……

但是，如果這是對的的話，並假定一塊大石頭以（比如說）8的速率運動，而一塊較小的石塊以4的速率運動，那麼把二者聯在一起，這兩塊石頭將以小於8的速率運動；但是兩塊聯在一起的石頭當然比先前以8的速率運動的要重。可見較重的物體反而比較輕的物體運動得慢；而這個效應與你的設想是相反的。你由此可以看出，我是如何從你認為較重物體比較輕物體運動得快的假設推出了較重的物體運動較慢的結論來。

伽利略不僅透過邏輯推理反駁了亞里斯多德的觀點，而且他還進一步透過理性思考和實驗檢驗來推進研究工作。他從對落體運動的觀察入手，大膽地假設落體運動是等加速運動。有了這樣的想法，伽利略很自然地想到用某種量之間呈現的簡單比例關係來定義落體運動。那麼落體運動是不是符合他所提出的等加速運動呢？伽利略認為應該透過實驗來檢驗。但是，由於落體運動速度較快，而在伽利略所處的時代沒有相應的裝置對迅速下落的物體進行精確的測定。於是，伽利略為了進一步「減緩」物體下落運動以得出精確的測量結果（主要是時間的測量），設計了著名的「斜面實驗」。伽利略用木板做成一個斜面，讓小球自由地從頂上滾到底。在斜面實驗中，小球在下落過程中逐漸增加了速度。而且，斜面的坡度越大，加速度越

大。以此推之，不斷增加斜面的坡度使它與地面垂直，小球就如同自由落體一樣，在下落過程中做等加速運動。伽利略在斜面以不同的坡度和小球在斜面上滾動不同距離的情況下，做了上百次測定，最後證實了下落物體運動是等加速運動。

斜面實驗還帶來了另一個重要的成果，即慣性運動的發現。伽利略發現小球從斜面上滾下以後，接著可以滾上另一個斜面。仍是在《關於兩門新科學的對話》中，伽利略提出了一個「對接斜面」的理想實驗（**圖2-2**）。小球沿光滑斜面AB落下，用在B點得到的速度，它將能沿斜面BC、BD、BE等上升到與A相同的高度；只是隨著這些斜面傾斜度的減小，小球運動的時間更長，運動的距離將更遠，它的速度減小的過程也將變慢；在水平面BF上，小球將以恒定的速度滾動下去。這就是伽利略關於慣性運動的思想。千百年來，人們都相信亞里斯多德的這樣一個說法：外力是物體產生並維持運動的原因。例如，馬拉車，車才會動，馬車往前運動是因為馬在不斷向前拉它，一旦馬不再拉車了，車也就停了下來，這似乎是千真萬確的道理。伽利略則透過斜面實驗，發現了亞里斯多德的這種觀

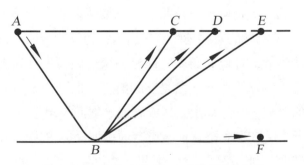

圖2-2 伽利略對接斜面實驗的示意圖

念是不對的，慣性運動的發現既需要勇氣也需要很高的智慧。

伽利略在力學上還有一個重要貢獻，就是提出了關於運動合成的思想。當時反對日心說的人認為：如果地球是運動的，那麼從塔頂落下一塊石頭，它的著地點一定不在下落點的正下方，事實上誰也沒有看到這種偏移，所以地球是靜止不動的。這成為地心說擁護者反對哥白尼日心說的一個重要論據。伽利略認為，由於地球的轉動，帶動了塔身和原來在塔頂的石塊一起做圓周運動。當石塊從塔頂下落時，它就同時有了兩種運動，一種是自上而下的運動，另一種是和塔身一樣的圓周運動。這兩種運動「混合」起來，從地球之外看石塊走過一斜線軌跡；而從地球上看，石塊則只有向著地球中心的直線運動。所以，石塊必然落到塔身的正下方。因此，根據觀察到的石塊的實際著地點，並不能肯定地球就是靜止不動的。伽利略的解釋在今天看來是不夠充分的。根據現代的理論，由於地球存在著自轉，從高處落下的物體並不是沿豎直的方向下落而是偏東，只不過這項偏差極小，通常不易察覺。伽利略還對大炮做了同樣的分析，他指出炮彈被射出後同時參與了兩種運動，一種是等速的水平直線運動；另一種是自然加速的豎直下落運動。他還認為，這兩個分運動「既不彼此影響、干擾，也不互相妨礙」，而物體的實際運動將是這兩種運動的合成。伽利略第一個證明炮彈的運動軌跡是一條拋物線，炮彈上升和下落的時間內所通過的水平距離，就是它的射程。伽利略對各種仰角下拋射體的射程一一計算出來作成表格，從而得出了仰角為45°時射程最大。在伽利略之前，曾有人根據經驗得出仰角為45°時射程最大，伽利略則是運用數學方法得到這個結論的。

牛頓在一六七六年二月五日寫給英國科學家虎克的信中說

過：「如果我曾看得更遠些，那是因爲我站在巨人們的肩上。」這句話並不是牛頓的謙虛之詞，而是說明科學具有繼承性的至理名言。我們有充分的理由說，伽利略就是這些巨人中的一位。牛頓曾經讀過伽利略的著作，伽利略關於落體運動、慣性運動和拋體運動的研究一定會吸引他的注意。所以我們說伽利略是古典力學的先驅者，他是當之無愧的。

由於伽利略對哥白尼日心說所做的傳播，使得羅馬宗教法庭開始了對伽利略的迫害。教會禁止了《關於托勒密和哥白尼兩大世界體系的對話》的銷售，並宣判伽利略有罪，判爲終身監禁。伽利略飽受摧殘，不得不在法庭上表示懺悔。不過就在他被迫表示從此不以任何方式、言語或著作去支援、維護和宣傳地動的「邪說」後，卻又自言自語地說：「地球確實是在轉動呀！」

伽利略是一個偉大的科學家，他生活於受教會壓制最深重的義大利。但是，他爲了追求眞理，一次次用實驗和思想向人們展示什麼是自然的本來面目，什麼是眞正的科學。他完全渺視那些盲目信奉亞里斯多德、托勒密而對科學一無所知的神學家和哲學家，強調要用嚴密的邏輯和嚴謹的實驗方法考察自然規律，這種新的研究方法爲後人打開了一扇新的科學研究之門。正如愛因斯坦所說：「伽利略的發現以及他所應用的科學的推理方法是人類思想史上最偉大的成就之一，而且標誌著物理學的眞正開端。」

雖然教會的審訊使伽利略生前蒙受了不白之冤，不過科學終究要不斷發展，眞理終究是不可戰勝的。在伽利略逝世三百多年後的一九七九年，羅馬教皇公開承認伽利略在十七世紀所受到的教廷審判是不公正的。至此，伽利略的名譽得到了徹底

的恢復。當然，科學的眞理本無須宗教來承認，特別是在人類社會已經具有了人造衛星、太空船、行星探測器等手段的條件下，對於伽利略的理論完全可以做出直接、有力的證明。但是，由教會出面向科學認罪，充分證明了一條眞理：科學戰勝強權、眞理戰勝謬誤是歷史的必然。

2.4 萬有引力定律的建立

　　牛頓晚年的摯友彭伯頓在他的《哲學解釋》的序言中，講述了牛頓對他講的關於引力思索的一個生動的故事。那時，牛頓正在家鄉躲避鼠疫。有一次他獨自坐在花園裏，忽然看到一個蘋果從樹上掉了下來。這使他想到促使蘋果落地的重力，是不是也可以促使月亮保持在它的軌道上而不掉下來。這個故事的眞假已不可考，重要的是牛頓當時確實想到過重力既支配蘋果的下落，也支配月亮的旋轉。所以，這個故事可以看成是發現萬有引力定律的艱苦歷程中的一個有趣的小插曲，而不能把它訛傳爲牛頓看到蘋果落地就發現了萬有引力定律。

　　十七世紀以來，試圖從動力學角度解釋天體運動的思想萌發出來。英國人吉爾伯特曾猜測，太陽系的所有天體是透過磁力維繫在一起的。克卜勒受到了這個思想的影響，認爲引力是與磁力類似的東西，是同性物體之間的感應；太陽發出的磁力流像輪輻一樣沿太陽轉動的方向旋轉，從而推動行星繞太陽運動；它的強度隨著離太陽距離的增大而減弱。這一設想雖然是錯誤的，但是克卜勒把可觀察的實驗現象作爲出發點，從事實本身去尋求運動原因，這體現了近代物理學的基本認識方法。

　　一六四五年，法國天文學家布里阿德提出一個假設：從太

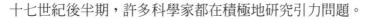

陽發出的力，應和離太陽距離的平方成反比而減小。這是第一次提出平方反比關係的思想。

十七世紀後半期，許多科學家都在積極地研究引力問題。

一六七三年，荷蘭物理學家惠更斯（Christian Huygens）推導出了向心加速度的公式：$a = \dfrac{V^2}{R}$。式中 V 為運動物體的線速度，R 為圓周運動的半徑。

英國物理學家虎克於一六六二年和一六六六年，曾在山頂上和礦井下用測定擺的周期的方法做實驗，試圖找出物體的重量隨與地心距離而變化的關係，但沒有得到結果。這很可能是因為山頂與礦井之間的距離，與從地心到地面的距離相比微不足道。他在一六七四年的一次演講中，曾提出三條假設：

第一，據我們在地球上的觀察可知，一切天體都具有傾向其中心的引力，它不僅吸引其本身各部分，並且還吸引其作用範圍內的其他天體。

第二，凡是正在作簡單直線運動的任何天體，在沒有受到其他作用力之前，它將繼續保持直線運動不變。

第三，受到引力作用的物體，越靠近吸引中心，其引力也越大，至於此力在什麼程度上依賴於距離問題，在實驗中我還未解決，一旦知道了這一關係，天文學家就很容易解決天體運動的規律了。

從這裏可以看出，虎克已覺察到引力和地球上物體的重力有同樣的本質。

一六七九年，英國科學家哈雷（Edmund Halley）與倫恩（Christopher Wren）也按照圓形軌道由克卜勒第三定律和向心力公式，證明了作用於行星的引力與它們到太陽的距離的平方成

反比。但是他們還不能證明行星在橢圓軌道上也是如此。

這一年十月，虎克給牛頓寫了一封信中，提出了引力反比於距離的平方的猜測，並問道：如果是這樣，行星的軌道將是什麼形狀？虎克給牛頓的信重新激起了牛頓對動力學的興趣，使牛頓把他的注意力轉到橢圓運動問題。

哈雷於一六八四年八月，曾專程到劍橋大學對這個問題求教於牛頓。牛頓說他早就完成過這一證明，但是當時沒有找到手稿。在哈雷的督促下，牛頓於這一年年底將重新作出的證明寄給了哈雷。哈雷立即獲知其意義非同小可，於是他建議牛頓公布研究成果。這就導致後來牛頓在一六八四年底和一六八五年初做了有關天體運動的系列講座，還寫了〈論物體在均勻介質中的運動〉一文，明確證明了向心力定律和橢圓運動的引力平方反比定律，確立了萬有引力定律的基礎。

牛頓自己曾經說過，他在十七世紀六○年代就發現了引力的平方反比定律。但是，為什麼直到八○年代才真正給出了證明，中間竟懸置了近二十年？也就是說，從一六六六年萌發這一想法開始，直到一六八四年，他的研究沒有取得實質性的進展。一度比較盛行的說法是，牛頓當時未能獲得準確的地球半徑的數值，使得他的驗算結果相差比較大，因而不得不擱置這個想法達二十年。後來的研究發現，牛頓當時面臨了一個很大的困難就是，他不能證明在計算地球對月亮的引力時，可以把地球和月亮都看作其質量集中在中心的質點。這個困難到一六八五年初才解決。牛頓運用他自己發明的微積分證明了，地球吸引外部物體時，恰像它的全部質量都集中在球心一樣。這個困難一解決，「宇宙的全部奧秘就展現在他的面前了」。

這種將地球和月亮都看作是質點的方法，後來成為物理學

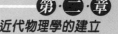

家研究問題的一個有效方法。在解決某些問題時，不考慮物體的質量、體積等，而把它看作一個質點，可以突出主要因素，從而把握現象或過程的實質。

牛頓在題為〈論物體在均勻介質中的運動〉的那篇文章中，還首次提出了引力的「萬有性」或「普適性」。以前他只考慮太陽對行星的引力，沒有考慮行星之間的引力。依照這種理論，行星繞太陽的運動是嚴格的橢圓。而他根據太陽相對於太陽系重心（即質心）的位移，發現向心力並不總是指向系統的重心。因此，他認為這些行星不是嚴格地作橢圓運動，每個行星的軌道依賴於所有行星的聯合運動以及它們之間的相互作用。所以，牛頓認為只有考慮行星彼此之間的作用，才能說明行星的運動。這意味著引力不僅是太陽的本性，同樣也是行星的屬性。後來，牛頓進一步在《自然哲學的數學原理》中寫道：「依此定律一切物體必定互相吸引。」這就是「萬有引力」了。

在牛頓以前，無論是東方還是西方，天與地的區分是根深柢固的。沒有任何一項成果能說明天上運動與地上運動服從相同的規律。牛頓的引力定律體現了天上運動與地上運動的統一性，它把克卜勒的行星運動和伽利略的落體與拋體運動統一了，從而把天體運動納入到根據地面上的實驗得出的力學原理之中。這是物理學史上第一次偉大的綜合，也是人類認識上一次巨大的飛躍。

萬有引力定律是經過科學實踐的反覆檢驗，才得到普遍承認的。

關於地球的形狀是對牛頓研究成果的第一個重大考驗。在運用萬有引力定律解釋歲差現象時，牛頓指出，由於每一個行

星的自身旋轉運動，它的赤道部分應該隆起，使星體成為兩極扁平的扁球體。一六七一年，法國科學家里切爾在赤道附近作天文觀測時，發現從巴黎帶去的擺鐘慢了，於是把擺長縮短了四分之五英寸；回到巴黎時，又發現這擺太短了。對此，牛頓認為是赤道處引力場變小，可成為地球是個扁球體的證據。因此，赤道隆起部分將一部分接近太陽和月亮，另一部分遠離太陽和月亮，它們受到的引力作用也不同，使太陽和月亮的引力作用沒有通過地球中心，從而使地球的軸作一種緩慢的圓錐運動，造成了歲差現象。牛頓還近似地估算出地球的扁率為1/230。他的結論引起了激烈的爭論，反對者說地球是兩極凸出的橢球體。十八世紀三〇年代，法國科學院派出兩個測量隊，分別在赤道與北極附近測量，結果證實了牛頓的結論。

一七九八年，英國物理學家卡文迪許（Henry Cavendish）做了測量引力衡量G的實驗。以地面上的實驗對萬有引力定律予直接證明。他把兩個小鉛球繫在輕桿的兩端，用一根細線從中間把桿沿水平方向懸掛起來；然後用兩個大鉛球靠近小鉛球，透過細線的扭曲測量了大球與小球之間的引力作用，從而得出了引力恒量的值，證實了萬有引力定律的正確性。

預見並發現新的行星是顯示萬有引力定律威力的最生動的例證。一七八一年，英國人威廉·赫歇爾（William Herschel）發現了天王星。不斷累積的觀測資料表明對它的運動的觀測，與理論計算結果之間存在著明顯的偏差。人們猜測在天王星之外可能還有一個行星，它對天王星的軌道起了附加的攝動作用。這個想法引起了劍橋大學一位青年學生亞當斯的興趣。他運用萬有引力定律，計算出這顆未知行星的位置。一八四五年十月亞當斯寫信給格林威治皇家天文臺，請求他們用望遠鏡在

預言的位置上尋覓這顆新行星。然而，由於亞當斯是一個不出名的青年數學家，所以沒有受到足夠的重視。

一八四六年六月，另一位法國青年勒維耶發表了類似的獨立計算結果。柏林天文臺的伽勒在非常靠近預言位置的天區辨認出了這顆行星。這樣在太陽系裏又增添了一顆海王星。它的發現，被認爲是萬有引力定律的一次輝煌勝利！

2.5 牛頓：古典力學理論體系的建立者

在二十世紀結束的時候，英國的《星期日泰晤士報》邀請了二十位世界級的科學家、歷史學家及哲學家，來推選他們心目中一千年來最有影響的人物。牛頓以絕對優勢擊敗愛因斯坦、莎士比亞等而當選。

牛頓以他那博大而深邃的智慧，同時在力學、數學、光學、天文學等領域取得了非凡的成就。他寫出了名垂千古的《自然哲學的數學原理》一書，使前人的自然科學成果得到了系統化的總結。牛頓也就成爲古典力學理論體系的建立者。

在此我們先介紹一下這位科學巨人的生平。

在英國東南部林肯郡格蘭漢姆鎮南面，有個叫沃爾斯索普的小村子。十七世紀時，這裏只有一座沒

●牛頓●

落貴族留下的小小莊園。一六四二年十二月二十五日的耶誕節，伊薩克·牛頓就誕在這裏。他出生的一六四二年，正是天才的科學家 —— 伽利略去世的那年；似乎是爲了補償這一損失，歷史給了世界一個同樣非凡的天才人物。

在牛頓出生前三個月，父親就去世了。他三歲時，他的母親改嫁給了一位善良的牧師。孩童時代的牛頓便在繼父的資助下，和外祖母生活在一起。

六歲時，牛頓進入了本地一所很小的、只有一所房子的鄉村小學讀書。十二歲那年，牛頓進入格蘭漢姆鎮的皇家中學讀書。學校離家有十公里，因此他寄居在母親的朋友克拉克夫人家中。克拉克夫婦經營著一家藥店，那裏有許多東西引起了牛頓的興趣，特別是各種各樣的藥品和化學用品。克拉克先生曾經送給牛頓一本《藝術與自然的奧秘》，從這本書中，牛頓學會了製作焰火、簡單的魔術道具，以及一些有趣的玩具。

由於牛頓一度把精力都用在了製作上，而忽略了學校的課程，成績比較差。隨著年齡的增長，牛頓也逐漸認識到了學習的重要性，所以他開始努力學習各科功課。不久，他蘊藏的聰明才智開始發揮出來，一躍成爲優等生。

一六六一年，牛頓十九歲時，從格蘭漢姆皇家中學畢業。由於成績優異，經校長史托克斯的推薦，他以清寒學生的身分，進入了劍橋大學的三一學院讀書，並於一六六五年獲學士學位。當牛頓進入劍橋大學兩年之後，三一學院創設了一個講授自然科學知識如地理、物理、天文和數學等課程的講座。講座的第一任教授巴羅是一位博學的科學家，精於數學和光學，他對牛頓的才華極爲讚賞，他認爲牛頓的數學才能超過自己。

一六六五至一六六六年倫敦流行瘟疫，劍橋離倫敦不遠，

為恐波及，學校停課。牛頓於一六六五年六月回到故鄉烏爾斯索普，離開學校前，巴羅通知他，由於他的出色表現，院方決定錄用他為三一學院的「學侶」（相當於現在的研究生）。

瘟疫肆虐的十八個月，在英國歷史是一段災難歲月。但在科學史上，它卻是一段輝煌時期。就在這期間，牛頓的各種令人驚歎的新思想和無窮的創造力猶如泉水般湧現出來。流數術（即微積分）的發明、光的色散實驗、重力的研究及關於行星到太陽間的距離與它們之間的引力成平方反比關係的研究，可以說牛頓一生的重大科學思想都是在這短短兩年期間孕育、萌發和形成的。

一六六七年牛頓重返劍橋大學，一六六九年十月二十七日巴羅便讓年僅二十六歲的牛頓接替他擔任盧卡斯講座的教授。一六七二年起，他被接納為皇家學會會員，一七〇三年被選為皇家學會主席，連任二十四年，直到逝世。一六八九年，牛頓以劍橋大學代表的身分當上了英國國會議員。一六九九年，他被任命為造幣廠廠長。一七〇五年，牛頓受封為爵士，成為英國自然科學家中第一位獲得這種「恩遇」的人。牛頓於一七二七年三月二十日因病逝世，在倫敦威斯敏斯特教堂為他舉行了隆重的國葬。

一六六六年，牛頓做了一個光學實驗。實驗時，他將房間中能透進光的地方全都遮住，使室內一片黑暗。然後，他在窗戶上開了一個小孔，讓一束光線投射到一塊三稜鏡上，在稜鏡後面放置一塊潔白的螢幕。實驗的結果是，他在螢幕上看到了一條五顏六色的彩虹般的光帶。牛頓發現光帶是依紅、橙、黃、綠、青、藍、紫的順序排列的。他又進一步進行實驗，在光帶投射的屏上也打一個小孔，讓光帶中彩色的各個部分能相

圖2-3 牛頓自己繪製的「色散實驗」示意圖

繼單獨地穿過第二個小孔，經過放在屏後的第二個稜鏡折射投到第二個屏上。實驗的結果是，在第一個稜鏡上被折射得最厲害的藍光，經過第二個稜鏡時，折射也最大；而紅光在這兩個稜鏡上都是折射得最少的。牛頓的色散實驗，證明了不同顏色的光線具有不同的折射本領。這一研究成果，被他用來進行望遠鏡成像質量的改進。

最早的望遠鏡是由一位磨製眼鏡的荷蘭人發明的，開始時被當作了玩具。一六〇九年，伽利略首先把他所製作的折射望遠鏡用在天象觀測上，並取得了一系列嶄新的發現。但是，隨著觀測精度的提高，折射式望遠鏡暴露出它的弱點，即望遠鏡的色差，就是被觀測的天體在望遠鏡中成的像，其周圍出現色彩斑斕的光環，使像非常模糊。

開始時，人們以拉長望遠鏡物鏡和目鏡的距離，來消除色

差，但望遠鏡的長度變得很長。為了克服這一問題，牛頓依據新的原理來設計、製造一種能消除色差的望遠鏡。他利用光的反射特性，讓光線經過一個凹面物鏡反射後聚焦成像。一六六八年，光學史上第一架反射式望遠鏡製成了，它長六英寸，直徑一英寸，比折射式望遠鏡小多了，但卻能將被觀測物體放大為三十至四十倍。

在牛頓的全部科學貢獻中，數學成就占有突出的地位。他數學生涯中的第一項創造性成果就是發現了二項式定理，為解決二項式相乘的問題提供了簡潔的方法。這項研究也引發了他關於微積分的思考。

微積分的創立是牛頓最卓越的數學成就。牛頓為解決運動問題，才創立這種和物理概念直接聯繫的數學理論的，牛頓稱之為「流數術」。它所處理的一些具體問題，如切線問題、求積問題、瞬時速度問題以及函數的極大和極小值問題等。他超越前人的功績在於，將占希臘以來求解無限小問題的各種特殊技巧統一為兩類普遍的演算法——微分和積分，並確立了這兩類運算的互逆關係，例如面積計算可以看作求切線的逆過程，從而完成了微積分發明中最關鍵的一步，為近代科學發展提供了最有效的工具，開闢了數學上的一個新紀元。

牛頓對解析幾何與綜合幾何都有貢獻。他在一七三六年出版的《解析幾何》中引入了曲率中心，提出密切線圓（或稱曲線圓）概念，提出曲率公式及計算曲線的曲率方法，並將自己的許多研究成果總結成專論《三次曲線枚舉》，於一七○四年發表。此外，他的數學工作還涉及數值分析、機率論和初等數論等眾多領域。

一六八七年，牛頓出版了他的名著《自然哲學的數學原

理》。這本書是牛頓的代表作，也是力學的一部經典著作。當時牛頓正處於他科學創造才華的巔峰時期。在寫作期間，牛頓傾注全力、廢寢忘食，終日沈浸在計算、論證、定理、方程式、圖表、數學與符號之中，有的時候甚至忘記吃飯。

當書準備出版的時候，英國皇家學會還沒有得到足夠的經費。英國天文學家哈雷為了想讓牛頓的這一傑作儘快問世，於是便提出自己願出資代學會支付出版費用。這件事充分顯示了哈雷的高尚人格，他自己並不富裕，況且還有家庭的負擔。為了讓人類科學寶庫中增添一筆巨大財富，哈雷幾乎傾其所有。他與牛頓這種建立在共同事業基礎上的友誼是非常崇高的，其價值是無法用金錢來進行衡量的。

牛頓的這部著作絕非簡單地總結前人的知識，而是反映牛頓本人成就的一部科學巨著，是科學史上極有創見性的作品，占有重要的地位。

《自然哲學的數學原理》共有兩大部分，第一部分仿照歐基里德（Eunclid）的方法，首先提出了定義和動力學原理，為建立力學的邏輯體系提供前提。第二部分是這些基本原理的應用，共包括三篇。

在「定義和注釋」中，牛頓共提出八個定義和四個注釋。

定義一：物質的量是用它的密度和體積一起來量度的。

定義二：運動的量是用它的速度和質量一起來量度的。

定義三：所謂物質固有的力，是每個物體按其一定的量而存在於其中的一種抵抗能力，在這種力的作用下，物體保持其原來的靜止狀態或者在一直線上等速運動的狀態。

定義四：外加力是一種為了改變一個物體的靜止或等速直
　　　　線運動狀態而加於其上的作用力。

後四個定義是關於向心力的。在「注釋」中，牛頓闡明了
自己的時空觀以及他的相對運動和絕對運動的觀點。他認為，
「絕對」的時間和空間與物體和運動完全分離。這是他後來受到
批判的地方。

在「運動的基本定理或定律」中，牛頓總結出了機械運動
的三個基本定律。

定律一：每個物體繼續保持其靜止或沿一直線作等速運動
　　　　的狀態，除非有力加於其上迫使它改變這種狀
　　　　態。

定律二：運動的改變和所加的動力成正比，並且發生在所
　　　　加的力的那個直線方向上。

定律三：每一個作用總是有一個相等的反作用和它相對
　　　　抗；或者說，兩物體彼此之間的相互作用永遠相
　　　　等，並且各自指向其對方。

這就是著名的牛頓三定律。在這之後，牛頓給出了六個推
論，其中包括力的合成與分解以及運動的疊加原理；動量守恒
定律和力學的相對性原理。

《自然哲學的數學原理》第二部分的第一篇是討論萬有引力
定律和向心運動問題的，其中包括了向心力場的保守性、二體
運動問題以及兩個較小物體繞一個很大物體在共同平面上運動
的問題，最後一章，是牛頓光學的力學基礎。第二篇討論了物
體在有阻力的介質中的運動，包括了在與速度相關的阻力作用

下的運動、流體力學問題、液體和彈性介質中波的傳播問題以及漩渦運動的規律等。第三篇總題目是「論宇宙系統」，是萬有引力理論在天體運動上的應用，其中包括行星、衛星、彗星的運動，地面上物體的落體運動和拋射運動，歲差以及潮汐現象等等。

《自然哲學的數學原理》一書的出版，在物理學史上占有非常重要的地位，標誌著古典力學體系的建立。它以宏大的篇幅、精湛的思想、嚴謹的體系和豐富的內容，成為科學史上一部光輝的經典著作。在牛頓以後，人類在自然科學方面的偉大成果層出不窮，但追本溯源，許多都與這本非凡的著作有直接的聯繫。如在一八四六年發現海王星之前，它的軌道就已經依據萬有引力定律計算出來了，然後才在實測中發現了它。現代計算人造衛星的軌道，當然更離不開牛頓的偉大成果。

What
Is
Physics?

3.探索熱的本質

由於實際生活與生產的需要，人類對熱現象進行了研究。十八世紀，資本主義在歐洲的發展，迎來了生產的大革命，紡織工業、冶金、採礦、化工等部門陸續實現了機械化。生產的機械化對動力機械的需要，導致了蒸汽機的發明。蒸汽機的改進和完善，促進了熱學研究的發展。熱學的誕生與發展，充分體現了科學理論來源於實踐，又反過來作用於實踐這一科學認識論的眞諦。

3.1 溫度計的發明

熱現象的定量研究，首先遇到的問題就是確定物體的冷熱程度，即測量物體的溫度。一切互爲熱平衡的物體都具有相同的溫度這一結論，爲溫度的測量提供了客觀依據。人們可以利用被稱爲溫度計的裝置作爲共同的標準，拿它與被測物體接觸，在達到熱平衡時，反映出被測物體的溫度數值；也可以將這個裝置作爲共同的標準，去比較並不直接接觸的其他物體之間溫度的異同。所以，溫度計是熱學研究中的重要儀器。在科學發展史上，有許多人都爲製作溫度計作出了努力。

最早的一支溫度計是誰發明的？這是人們很想知道的一個問題。現在比較公認的看法是，義大利物理學家伽利略是溫度計的最早發明者。伽利略的學生維維安尼說，伽利略於一五九三年在帕多瓦大學任教時製成了一個指示「熱度」的儀器，這個說法帶有傳聞的色彩。不過，伽利略的另一個學生卡斯特里肯定地說，在一六○三年看見了伽利略的第一個驗溫器。

伽利略的驗溫器是一根下端開口、上端連接著一個玻璃泡的玻璃管，使用時將玻璃管的下端倒插入一個盛有著色的水的

容器裏。玻璃泡裏有空氣，使管子內形成一段水柱。當溫度上升或下降時，這部分空氣就相應的膨脹或收縮，玻璃管中水柱也會相應地下降或上升。玻璃管上很可能附有刻度。如果將待測物體與玻璃泡接觸，隨著玻璃泡中氣體的熱脹冷縮，水柱就會降低或升高，從而顯示出物體的「熱度」。這裏用「熱度」這個詞，是因為當時還沒有溫度的概念。從伽利略的溫度計的設計中可以看出，這種溫度計數值大小不僅受溫度變化的影響，而且還受大氣壓強弱起伏的影響。如果氣溫沒有變化而大氣壓發生了變化，觀察者將會誤認為氣溫發生了變化。另外這個裝置還沒有刻度，只不過是個驗溫器。儘管伽利略的溫度計很不完善，但他是試圖對不確定的熱的感覺轉變為對物體熱狀態的客觀表示的第一人，這畢竟是世界上最早的溫度計。

法國醫生雷伊為了使用方便，簡單地將伽利略的儀器倒過來。玻璃泡內充以水，而玻璃管中充氣，以水作測溫物質。這是一種液體溫度計，大約在一六三二年被介紹出來。但他的管子未封口，所以會因水的蒸發而產生誤差。

伽利略的朋友、帕多瓦大學醫學教授桑克托留斯用一種特殊的驗溫器指示人體熱度的變動，這可以看作是最早的體溫計。桑克托留斯還曾試圖用這的驗溫器來比較太陽的光和月亮光的熱。

起初，溫度計上的分度是非常任意的。桑克托留斯將溫度計的玻璃管等分成一百一十個等份，以表示雪冷和燭焰之間的冷熱程度。為了有效地進行溫度測量，溫度計的一個重要改進就是需要確定一些溫度恒定的固定標準點。德國的格里凱在一六六〇至一六六二年，製造過一種改良的空氣溫度計。它是一個盛有空氣的銅球，下部被一根內盛酒精的U形管所封閉。酒

精上有一個浮子，浮子繫一根線，線繞過一個滑輪，下面垂一個指示溫度的小天使像。當球中空氣膨脹時，U形管的開口分支中的酒精上升，小天使就下降；當空氣收縮時，小天使就上升。格里凱（Otto von Guericke）的溫度計上有七個等級，從「大熱」到「大冷」。

格里凱是最先認識到在溫度計的刻度上標出定點的人之一。他以馬德堡地區初冬和盛夏的溫度爲定點溫度，但這是不準確的。佛羅倫斯的西門圖科學院的院士們則選擇了雪或冰的溫度爲一個定點，牛或鹿的體溫爲另一個定點。在進行嘗試的過程中，他們還發現冰的熔點是不變的。

在尋找恒溫點的研究中，不少科學家都認識到，水在凝固時的溫度和沸騰時的溫度都是不變的。一六六五年，荷蘭物理學家惠更斯建議把水的凝固溫度和沸騰溫度作爲溫度計的固定點，但這個建議直到下一個世紀才被採用。一七〇三年，牛頓在他所製的亞麻籽油溫度計中把雪的融點定爲零度，而把人體的溫度作爲另一個恒溫點十二度。

世界上第一支眞正實用的溫度計，是華倫海特（Daniel Gabriel Fahrenheit）於一七一四年製造的。華倫海特出生於德國，後來遷居荷蘭。在瞭解到法國物理學家阿蒙特利用水銀製造的溫度計後，他也用水銀替代了酒精。他還發明了淨化水銀的方法。他透過一系列實驗，發現各種液體都有其固定的沸點，並進一步發現

●華倫海特●

沸點隨大氣壓的變化而變化。這爲他製造精密的溫度計有很大幫助。

爲了確定溫度計上的固定標準點，他把結冰的鹽水混合物的溫度定爲零度，而把人體的正常溫度定爲九十六度。不久，他又引入了第三個標準點，即冰水混合溫度。他標之爲三十二度。一七二四年，華倫海特將水的沸點定爲二百一十二度，這是第四個標準點。這種分度方法後來被稱爲華氏溫標，它的單位用°F表示。

這就是今天仍在使用的華氏溫度計，它是以水的冰點和沸點作爲標準點；在這種溫度計裏，人體的正常溫度是98.6°F，比華倫海特當初選定的值略高。

華倫海特的分度方法很快就在英國、荷蘭等國廣泛流傳。但在一七三〇至一七三一年間，法國博物學家列奧米爾提出了他的分度方法。他是由於注意到這樣一個事實而提出的：酒精和1/5的水混合，在水的冰點和沸點之間其體積由一千個單位膨脹到一千零八十個單位。因此，他只取一個定點，即水的結冰溫度爲零度（0°R）。他的溫標的每一度所代表的溫升相當於這種酒精的體積膨脹千分之一，這樣水的沸點就爲80°R。

一七四二年，瑞典天文學家攝爾薩斯（Anders Celsius）引入了百分刻度法，把水的冰點和沸點之間等分爲一百個溫度間隔。爲了避免測量冰點以下的低溫出現負值，這在生活中常常能夠遇到，他把水的沸點定爲零

攝爾薩斯

71

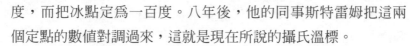

度，而把冰點定為一百度。八年後，他的同事斯特雷姆把這兩個定點的數值對調過來，這就是現在所說的攝氏溫標。

愈來愈完善的溫度計的出現，特別是華氏、列氏和攝氏溫標的建立，使計溫學達到了完善的程度，這進一步促進了實驗熱學研究的進展。

3.2 熱動說與熱質說的爭論

熱是什麼？這是人們很早就開始探討的一個問題，自古以來，就有不同的看法。在物理學的發展史上，關於熱的本性的問題，曾有熱動說與熱質說的爭論。爭論的中心問題是：熱是一種運動，還是某種具體物質？

到十八世紀，在卜朗克（Max Karl Ernst Ludwig Planck）區分了熱量和溫度這兩個概念，並捕捉到「潛熱」之後，熱的本質到底是什麼這個問題就更加引起了科學家們的關注。

熱質說將熱看作是一種具體的物質，這種思想是首先由化學家在對燃燒現象的解釋中提出來的。英國化學家波義耳（Robert Boyle）設想，存在著某種「火粒子」，它十分微小，具有重量而且能貫穿一切物體。

一七〇三年，德國化學家和醫生史塔爾（G. E. Stahl）提出「燃素」的概念。他賦予燃素為一種氣態物質，它存在於一切可燃的物質中。在燃燒過程中，燃素從可燃物中散出，與空氣結合，從而發光發熱。史塔爾還指出，「燃素」是火的元素，而非火本身，燃素的稠密程度不同，就分別成為火和熱，而分散狀態的燃素就是熱。

對燃燒現象的這種基本認識，促進了熱質說的發展。波爾哈夫（H. Boerhaave）根據對熱交換過程的研究，提出熱是鑽在物體細孔中的具有高度可塑性和貫穿性的物質粒子，它們沒有重量，彼此之間有排斥性，而且彌漫於全宇宙。當時雖然還沒有明確地給這種物質粒子命名爲「熱質」，但是把熱看作是一種物質粒子的基本思想已經確立。卜朗克也對熱質說的發展起了推動作用，他對在熱的本性上的兩種不同看法之間的爭論是有所瞭解的，但他對熱的運動說存有疑慮。他認爲，如果說是由於在物體內部粒子相互碰撞使它們的運動加劇而發生熱，那麼爲什麼同樣錘擊一塊軟鐵與彈性鋼球，軟鐵會變得很熱而鋼球卻一下熱不起來？另外，他還想到，如果熱是由物體內部粒子的運動造成的，由於密度大的物質中粒子之間的相互吸引力大，讓它們振動起來也就比較難，因而它的比熱應該比較大。但是，實際上有些密度大的物質的比熱卻比密度小的物質的比熱要小。例如，水銀的密度比水大，但是實際上水銀的比熱小於水的比熱。這樣，卜朗克就成了熱質說的主要倡導者。

　　到十八世紀八〇年代，幾乎整個歐洲都相信熱質說是正確的。法國化學家拉瓦錫（Antoine-Laurent de Lavoisier）於一七七七年寫出了《燃燒理論》，全面地闡述了燃燒的氧化學說，推翻了燃素說。但是，他依然把熱看成是一種特殊的物質元素，並於一七八七年與他人一起把這種特殊的物質元素命名爲「熱素」（熱質）。一七八九年，拉瓦錫在他出版的《化學原理教程》一書中，把「熱素」和「光」一起列入無機界二十三種化學元素中。他認爲，熱質是「沒有重量不可稱量」的流體。可見，熱質說已經達到了它的鼎盛時期。

　　熱質說成爲占主導地位的理論是有歷史原因的。一方面

是，十八世紀是對各種物理現象分門別類地進行研究的時期，人們很自然地把熱現象與其他物理現象孤立起來加以研究，還沒有注意到它們之間實際存在的相互聯繫和轉化的關係。另一方面是，從熱質說出發，使得許多熱現象得到了統一的解釋。例如，認為物體溫度的變化是吸收或放出熱質引起的；熱傳導是熱質的流動；摩擦或碰撞生熱現象是由於「潛熱」被擠壓出來以及物質的比熱變小的結果。在熱質說理論的指導下，瓦特改進了蒸汽機。熱質說的成功，使人們一度相信它是正確的。

但是，隨著物理學的發展，逐漸發現了許多與熱質說相矛盾的事實，熱質說受到了嚴重的挑戰。

其實，對於熱的本性的認識，始終存在著兩種不同觀點的爭論。英國哲學家培根（Francis Bacon）在歸納了大量經驗事實的基礎上，對熱的本質進行了分析，較早地提出熱是一種運動的觀點。英國物理學家虎克於一六六五年在他的《顯微術》一書中提到，熱不是什麼其他東西，而是「一個物體的各個部分的非常活躍和極猛烈的運動」。牛頓也曾發表過類似的看法，他認為物體內部各微小部分的振動正是「它們的熱和活動性的由來」。法國哲學家和自然科學家笛卡兒（Rene du Perron Descartes）在他的宇宙學說中，表達了熱是由最精細的物質粒子的旋轉運動產生的想法。俄國的羅蒙諾索夫認為熱是由分子的轉動引起的。這些關於熱是運動的觀點，雖然提出了與熱質說不同的見解，但是由於兩個主要的原因使這種觀點未能成為主導理論。一個原因是：一些科學家所表達的熱是運動的觀點，較多的是猜測而缺乏足夠的實驗依據；另一個原因是：他們所提到的運動僅僅是指機械運動，還難以真正揭示出熱的本質。

到了十八世紀末，熱質說與熱的運動說有了激烈的交鋒。按照熱質說，熱質這種物質粒子之間是彼此相互排斥的。因此物體在吸熱時體積一定膨脹，冷卻時體積一定收縮。但是，發現了有少數物質卻表現出「熱縮冷漲」的「反常」特性。例如4℃以下的水就如此。這種反常令熱質說難以解釋。另外，熱質是否與燃素一樣具有重量的問題，贊同熱質說的科學家們沒有形成統一的意見，也給熱質說帶來了麻煩。而倫福特（Count Rumford）也正是從這個問題入手，對熱質說進行了挑戰。

　　英籍物理學家倫福特採用當時最精密的天平，測量了物質在溫度變化前後重量的變化，否定了關於熱質具有重量的設想。但是，這對熱質說還不構成致命的打擊。真正使熱質說受到威脅的是關於摩擦生熱問題的研究。一七九七年，倫福特在兵工廠監製大炮鏜孔工作中，發現大炮被鑽削時，在短時間會產生大量的熱使金屬的溫度急劇上升，所以必須不斷地向炮孔裏注水以降低溫度。他從這個偶然的發現中得到了啟發，於一七九八年一月二十五日在英國皇家學會宣讀的一份題為「論摩擦激起的熱源」的報告中，他作出結論：「據我看來，要想對這些實驗中的既能激發又能傳布熱的東西，形成明確的概念，即使不是絕無可能，也是極其困難的事情，除非那東西就是運動。」他的實驗證明，摩擦不但能生熱而且能產生任意數量的熱。這使熱質說在熱量守恒的有效性方面，遭到了失敗。

　　一七九九年，英國物理學家戴維（Humphry Davy, 1778-1829）做了一個巧妙而富於獨創性的實驗。在題為《論熱、光和光的複合》的論文中，記述了這個實驗。他把兩塊溫度29℉的冰固定在一個由鐘錶改裝的裝置上，然後把它們放進抽成真空的大玻璃罩內。外面用低於29℉的冰塊與周圍環境隔離開，

兩塊冰在玻璃罩裏透過相互摩擦而慢慢地融解爲水。從這個實驗來看，「熱質」的這幾種產生方式都是無法實現的，由此他斷言：「既然這些實驗表明，這幾種方式不能產生熱，那麼，它就不能當作物質。所以，熱質或熱的物質是不存在的。」

倫福特和戴維的實驗與論證是極具說服力的，可以說是爲以後熱質說的徹底崩潰與熱的運動說的確立，奠定了堅實的基礎。但是，他們的實驗在當時並沒有被充分重視，大多數學者並沒有因此而改變自己關於熱的本性的觀點。熱質說的歷史也並未即刻結束，仍有些科學家堅持熱質說。直到十九世紀，能量守恒與轉化定律確立後，熱動說才取得了最後的勝利。

3.3 永動機神話的破滅

所謂永動機的想法起源相當早，最早出現於印度，西元一二〇〇年前後，這種思想從印度傳到了回教世界，並從這裏傳到了西方。這種想法體現了人們的一種美好願望，期望在沒有

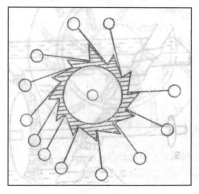

圖3-1 亨內考的永動機

外界能源供給，即不消耗任何燃料和動力的情況下，源源不斷地得到有用的功。這種夢想破滅了，但是永動機不可能實現的認識，是導致能量守恒原理的一條重要線索。

在歐洲，早期最著名的一個永動機設計方案是十三世紀時，一個叫亨內考（Villard de Honnecourt）的法國人提出來的。他設想的永動機是：輪子中央有一個轉動軸，輪子邊緣等距地安裝著十二個可活動的短桿，每個短桿的一端裝有一個鐵球。方案的設計者認為，無論輪子轉到什麼位置，右邊的各個鐵球總比左邊的鐵球離軸心更遠一些。因此，右邊的球產生的轉動力矩要比左邊的球產生的轉動力矩大。這樣輪子就會永無休止地轉動下去，至少可以轉到輪軸磨壞為止。但實際上從未實現不停息的轉動，輪子轉動一兩圈就停了下來。

後來，義大利的列奧那多·達文西（Leonardo da Vinci）也造了一個類似的裝置。他的設計不用短桿，而是讓重球在輪盤中能有一定的活動。這樣就造成右邊的重球比左邊的重球離輪盤中心更遠，在兩邊不均衡的作用下，輪盤會轉動不止。但實驗結果卻是否定的。

對這兩個設計仔細分析一下就會發現，雖然右邊每個球給輪子的旋轉作用較大，但是球的個數卻較少，反過來，左邊每個球產生的旋轉作用小，但是球的個數多。由槓桿原理可知，總會有一個適當的位置，使左右兩邊重物給輪子的旋轉作用恰好相等，於是輪子就會達到平衡而靜止下來。

十七世紀和十八世紀時期，人們又提出過各種永動機設計方案，其中有許多都是與歷史上曾經出現過的失敗設計相雷同。

一六五九年，馬爾基斯在論文《中心的有益變動》中，提

出並解釋他的「轉輪永動機」方案。他設想：小球沿輪輻向外運動，使力矩增大而推動轉輪轉動。這一裝置曾經演示過，結果是只聽得小球撞到輪框上發出強烈的打擊聲，轉輪也就停了下來。

十六世紀七〇年代，義大利一位機械師斯特爾又提出了一個永動機的設計方案：由上面水槽流出的水去衝擊水輪轉動，水輪在帶動磨刀石或水磨的同時，透過一組齒輪帶動螺旋汲水器，把下面蓄水池裏的水重新提升到上面的水槽中。他設想，整個裝置可以這樣不停地運轉下去，並能有效地對外做功。

在瞭解了磁極之間存在同性相斥、異性相吸並且作用力隨距離的減小而增大的事實後，有人企圖用這種作用來製造永動機。有一種永動機的設計是，在內外兩個輪之間斜放上磁體，讓它們的Ｎ極緊相接近，由於它們相互之間存在著較強的斥力，可以推動內輪不斷旋轉並帶動軸轉動。實際上，這種永動機也是不能運轉的，可以證明內輪和外輪之間的引力與斥力都是相等的，輪子只能處於平衡狀態。

還有的人設想利用輪子的慣性、水的浮力或毛細作用等等，一時間在皇家宮廷裏聚集了形形色色的企圖以永動機的發明來掙錢的設計師。這種美好的願望就像海市蜃樓一樣吸引著一批又一批研究者們。但是，所有這些方案都在嚴格的審查和實踐的無情檢驗下，無一例外地以失敗告終。因而法國科學院在一七七五年針對越來越多的投送審查方案作出決議，認為永動機是不可能製成的，聲明「本科學院以後不再審查有關永動機的一切設計」。透過不斷的實踐和嘗試，人們逐漸認識到：任何機器對外界做功，都要消耗能量。

形形色色永動機設計方案的失敗，正是從反面顯示出自然

界存在著某種普遍的規律，制約著人們不可能不付出代價地從自然界裏創造出可供利用的有效動力。十九世紀中葉，在科學界已普遍蘊含著一種氣氛，即以聯繫的觀點來認識自然。在這樣的背景下，有四、五個國家，從事七、八個專業的十多位科學家，分別透過不同的途徑，各自獨立地發現了能量守恆定律。其中，作出有代表性工作的是邁爾（Robert Mayer）、焦耳（James P. Joule）和赫爾姆霍茨（Helmholtz）。

邁爾是一位德國醫生，他主要是用觀察和思辨的方法，從生理學入手，透過哲學思考發現了能量守恆定律。一八四〇年，邁爾在作為隨船醫生航行至熱帶地區時，發現船員的靜脈血不像溫帶的人的血那樣發暗，而是像動脈血那樣紅。他認為，這是由於在熱帶地區人體只需要較少的熱量，所以人體中食物的氧化減弱了，因此靜脈血中有較多的氧，顏色才呈鮮紅。邁爾先後發表了兩篇論述能量守恆定律的論文，遺憾的是他非但沒有得到人們的重視，反而遭到一些著名物理學家的反對和嘲笑，以致他進了精神病院。

英國業餘物理學家焦耳是第一個在廣泛的實驗基礎上，發現和證明能量守恆定律的人。一八四〇年，焦耳首先研究了電流的熱效應，經過多次測定，焦耳發現通電導體在單位時間內放出的熱量與電路的電阻成正比，與電流強度的平方成正比。這就給出了電能向熱能轉化的當量關係。一八四三年，用手搖發電機發電，將電流通入線圈中，線圈又放在水裏以測量所產生的熱量。結果發現，熱量與電流的平方成正比。在此基礎上，焦耳測定出熱功當量。他在論文中指出：

本論文所述實驗已經作出如下的證明：第一，不論固體或

液體摩擦所生的熱量，總是與所耗的力量成正比。第二，要產生一磅水（在真空稱量，其溫度在55°和60°之間）增加華氏1°的熱量，需要耗用七百七十二磅重物下降一英尺所表示的機械力。

這個值即424.3公斤·公尺／千卡，是相當精確的。此後，焦耳又進行了各種實驗，一直到一八七八年，他前後用了近四十年的時間，做了四百多次實驗，確定了熱功當量的精確數值，爲能量守恒定律的建立提供了可靠的實驗根據。

德國物理學家和生理學家赫爾姆霍茨，也是從生理現象的研究入手，透過動物熱的研究途徑，發現能量守恒定律的。同時，赫爾姆霍茨還明確地從永動機不可能實現的這個事實出發，來提出問題：「如果承認根本不可能有永動機存在，那麼在自然界各種力之間應當有什麼樣的相互關係呢？」他在一八四七年發表的《論力的守恒》中，透過回答這個問題，對能量守恒做了最早、最全面的敘述。他給出了不同性質的「力」（即不同形式的能）的定量的數學表示式。這是當時邁爾和焦耳都沒有做的一項工作。

能量守恒定律告訴人們，自然界的一切物質都具有能量，能量有各種不同的形式，可從一種形式轉化爲另一種形式，從一個物體傳遞給另一個物體，在轉化和傳遞的過程中能量的總和保持不變。有力地打擊了那些認爲物質運動可以隨意創造和消滅的唯心主義觀點，使永動機幻夢被徹底地打破了。

在製造第一類永動機的一切嘗試失敗之後，一些人又夢想著製造另一種永動機，希望它不違反熱力學第一定律，而且既經濟又方便。比如，這種熱機可直接從海洋或大氣中吸取熱量

使之完全變爲機械功。由於海洋和大氣的能量是取之不盡的，因而這種熱機可永不停息地運轉做功，也是一種永動機。

然而，在大量實踐經驗的基礎上，物理學家提出了熱力學第二定律。這一定律有兩種等效的表述，德國物理學家克勞修斯（Rudolf J. E. Clausius）的表述爲：熱量不能自動地從低溫物體轉移到高溫物體。英國物理學家開爾文（Lord Kelvin）對熱力學第二定律的表述是：不可能從單一熱源取熱，使之完全變爲有用的功而不產生其他影響。他的說法也可以簡化爲：第二類永動機是不可造成的。

這樣，第二類永動機的想法也破產了。永動機的想法在人類歷史上持續了幾百年，這個神話的被駁倒，不僅有利於人們正確地認識科學，也有利於人們正確地認識世界。

3.4 蒸汽機的發明與應用

在蒸汽機的發明與改進中，科學並沒有做出直接的貢獻。不過，瓦特在蒸汽機的改進過程中，應用了卜朗克在熱學方面的發現。更值得注意的是，工業革命本身又刺激了並支援了科學活動的發展，蒸汽技術的發展是能量守恒定律提出的物質前提。

在古代，人們就知道熱和蒸汽能產生動力。西元前二到一世紀，亞歷山大里亞的希隆就發明了原始的汽渦輪。旋轉空心球上裝有對稱的兩個彎管噴口，進入球中的蒸汽由方向相反的兩個噴口射出，球就繞軸旋轉。不過，當時人們是將這一裝置當作玩具來遊戲耍樂的。

到了十六世紀以後，人們才從生產需要出發設計和研製蒸汽動力裝置。一六九六年，英國礦山技師薩弗里爲了解決礦井中的積水問題，發明了一種蒸汽機。他想到，充滿蒸汽的容器在冷凝之後，可以得到眞空，這樣就可以利用大氣壓力將地下水擠壓到形成眞空的管道裏去，從而將礦井中的水抽上來。但由於這個機器的所有閥門都是由人力來控制的，同時它的熱損失大，運行可靠性比較低，工作起來速度很慢；另外由於需要高壓蒸汽，鍋爐和管道常常漏氣，還容易發生爆炸，所以它沒有被廣泛採用。

一七〇五年，英國的紐可門（Thomas Newcomen）發明了大氣壓力式蒸汽機，並於一七一二年應用於礦井排水和農田灌溉。這種蒸汽機的汽缸與鍋爐相通連，汽缸上面有一個上下可以活動的活塞。當汽缸裏的蒸汽膨脹時，推動活塞上升；切斷蒸汽後，向汽缸內噴入冷水，蒸汽冷凝，活塞下降，於是活塞帶動搖桿抽水。由於它可以透過搖桿將蒸汽動力傳給其他工作機，並不只限於抽水，所以它是一個把熱轉變爲機械力的原動機。這是蒸汽機發展史上的一次重大突破。

但是，這種機器仍然有耗煤量大、動作慢、效率低、較笨重等缺點，而且只能作重複直線運動，限制了它的應用。

十八世紀中葉，在蒸汽機的改進中作出重大貢獻是發明家瓦特。需要澄清的是，瓦特的貢獻絕不像傳說中說的看見壺蓋被蒸汽衝動而產生發明靈感那麼簡單，蒸汽機並不是屬於他獨自一人的發明。

瓦特於一七三六年一月十九日出生在英國蘇格蘭的一個小鎮——格里諾克。他父親是個具有多種手藝的工匠，受其影響瓦特從小就有實驗的興趣和才能。他經常隨父親到工廠學習製

What Is Physics?

作機械模型、儀器的技術，進行化學和電學實驗。靠著虛心求學、刻苦鑽研的精神，瓦特在十五歲時就學完了《物理學原理》，並獲得了豐富的木工、金屬冶煉和加工等工藝技術。一七五三年，他到鐘錶店學手藝；一七五六年到格拉斯哥大學當了儀器修理員。這是他一生的轉捩點，一方面該校具有較完善的儀器設備和先進技術，為他的工作創造了良好的技術條件；更重要的是他在這裏結識了一些化學家、物理學家，從他們那裏學到許多科學理論知識。這對他後來的發明工作影響很大。

● 瓦 特 ●

一七六三年，瓦特得到了一個非常好的機會：格拉斯哥大學有一台教學用的紐可門蒸汽機壞了，送給瓦特修理。在修理的實踐過程中，瓦特發現紐可門蒸汽機存著不少明顯的缺點。比如說，紐可門蒸汽機太費燃料了。他根據自己已經懂得的知識，進行了試驗和計算，發現用煤燒出的蒸汽，僅僅只有四分之一用在作功上，而那四分之三卻白白浪費了。造成這種浪費的癥結在什麼地方呢？

瓦特提出了自己的問題，並請教了格拉斯哥大學的卜朗克教授。卜朗克教授在當時最著名的發現是「潛熱」理論，而對瓦特難題最大的理論啟發，也正是來自潛熱理論。

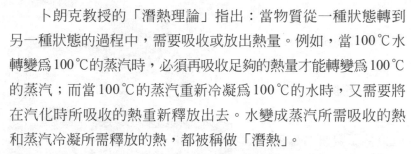

　　卜朗克教授的「潛熱理論」指出：當物質從一種狀態轉到另一種狀態的過程中，需要吸收或放出熱量。例如，當100℃水轉變爲100℃的蒸汽時，必須再吸收足夠的熱量才能轉變爲100℃的蒸汽；而當100℃的蒸汽重新冷凝爲100℃的水時，又需要將在汽化時所吸收的熱重新釋放出去。水變成蒸汽所需吸收的熱和蒸汽冷凝所需釋放的熱，都被稱做「潛熱」。

　　卜朗克和瓦特討論了紐可門蒸汽機費燃料多而作功少的問題，認爲用潛熱的理論可以找出根本的原因。瓦特設計了一個較小的實驗裝置測量出，將開水變成水蒸汽所需的熱爲825（熱度），這個實驗結果和卜朗克教授測出來的開水變成水蒸汽所需的熱爲810（熱度）十分接近。

　　瓦特從卜朗克的「潛熱」理論中獲得了啓發：紐可門蒸汽機的要害就在那蒸汽缸上面。汽缸一會兒需要加熱到充滿蒸汽的程度，一會兒又要澆涼到使蒸汽完全冷凝的程度，那沒有產生做功作用而白白燒掉的四分之三的煤，都消耗在這上面了。問題找到了，瓦特開始去尋找克服這個缺陷的具體方法。

　　有什麼辦法能解決這個矛盾呢？這個問題日夜縈繞在瓦特的腦際。一七六三的五月的一個星期天的早晨，瓦特在格拉斯哥大學的草坪上散步，他突然冒出來了一個極爲簡單明瞭的想法──將汽缸裏的蒸汽送到另外一個容器裏去單獨冷凝，不是同樣可以達到既獲得了可以做功的眞空，又保持著汽缸裏的溫度不致下降嗎。這樣就可以大大提高熱的利用效率，節省大量燃料的消耗。

　　這就是瓦特最早提出單設一個冷凝器，使它與汽缸分離的方案。後來，瓦特這樣回憶這一發明思維的產生過程：

What Is Physics?

在一個晴朗的星期天的下午，我出去散步。從察羅托街盡頭的城門來到一塊草地，走過老洗衣店。那時我正在思考著蒸汽機。然後來到了牧人的房子旁。突然，一種想法湧現在我的腦海：蒸汽就像一種彈性體，能夠衝進真空中。如果把汽缸和排汽容器相連接的話，那麼蒸汽能衝進容器裏，就可以在不使汽缸冷卻的情況下，僅讓蒸汽在那個容器中冷凝。

可見，發明的靈感在經過一段艱苦的冥思苦想、反覆琢磨之後，確實會在某種輕鬆的狀態下，突然間脫穎而出。

這樣一來，將汽缸裏的蒸汽送到另外一個容器去單獨冷凝，可以達到既獲得做功的真空，又保持汽缸裏的溫度不下降，從而大大提高熱的利用效率。接著，瓦特發現汽缸裏面蘊藏著具有極大動力的蒸汽，為了在活塞下降時防止空氣冷卻汽缸，就必須使用蒸汽的張力作為動力，而不僅僅只是使用氣壓做動力。

經過一番改進，蒸汽本身成為了一種推動機器的動力，紐可門蒸汽機由氣壓機變成了名副其實的蒸汽機。一七六五年，瓦特經過實驗表明，新蒸汽機的熱效率比紐可門蒸汽機提高四至六倍，而耗煤量卻節省四分之三。一七六九年，瓦特設計出可以「節約火力蒸汽機和燃料消耗」的分離冷凝器，並在這一年為他的這一劃時代的發明獲得了專利權。逐步地完善使作為資本主義大工業動力機械的蒸汽機誕生了，工業革命由此成為可能。

瓦特蒸汽機的出現，引起了一場動力革命。同時，也帶來了船與車的革命。

　　一八○七年，美國人富爾頓（Robert Fulton）建造的「克萊蒙特」號蒸汽輪船，在哈得遜河上逆流而上，取得了輪船航行的首次成功。「克萊蒙特」號是近代造船史上第一艘真正的汽船，它以鐵為新型造船材料，以蒸汽機為新的動力系統，以螺旋槳為新的推進系統，開創了造船史的新紀元。

　　一八二五年九月二十七日，史帝文生親自駕駛自己設計製造的「旅行號」蒸汽機車在達林頓——斯達克頓鐵路上試車。「旅行號」機車掛有一百三十二節車廂，載有九十噸貨物，並帶有四百五十名乘客，時速二十公里。這次試車成功了，開闢了陸上運輸的新紀元。

　　從十九世紀初起，蒸汽機得到越來越廣泛的應用。但是，關於控制蒸汽機把熱轉變為機械運動的各種因素的理論卻還沒有形成，人們只是憑著經驗和技巧改進蒸汽機。提高熱機效率的關鍵途徑是什麼？熱機效率的提高有沒有限制？這些問題都是極待解決的。

　　一八二四年，法國工程師卡諾（Carnot）出版了《關於火的動力的思考》一書，總結了他對熱機的早期研究成果。卡諾得到的一個基本結論是：熱機必須工作於至少兩個熱源之間，只有當熱質從高溫熱源流向低溫熱源的過程中才能做功；熱機效率為有用功 A 與工作物質從加熱器中獲得的熱量 Q 之比，即 $\eta = \dfrac{A}{Q_1}$，這表明蒸汽機效率（η）僅僅取決於兩個熱源的溫度差，而與採用什麼工作物質無關。這不僅在實踐上，為提高熱機效率指明了方向，同時在理論上已包含了熱力學第二定律的基本內容。

What Is Physics?

　　光學是一門古老的學科，在中國古代和古希臘都取得了豐富的研究成果。十七至十八世紀，在望遠鏡、顯微鏡等光學儀器製造應用的推動下，光學的理論研究也得到發展，提出了光的本質、光速測量等許多問題。十九至二十世紀，電磁場理論的建立和量子理論的發展，促進了對光本質的認識。二十世紀後半葉，雷射物理的發展使古老的光學煥發了青春，雷射越來越廣泛地應用在各個領域，其中光資訊理論和技術的發展最為迅速。

4.1 望遠鏡和顯微鏡的發明

　　望遠鏡和顯微鏡等光學儀器的製造和使用在宏觀和微觀兩個方向上拓展了人類的觀察視野。望遠鏡和顯微鏡的發明都與磨製眼鏡鏡片有關。

　　是誰發明了眼鏡？什麼時候發明了眼鏡？這些都很難考證。據說，古羅馬時，有一位暴君去看表演，由於他是近視眼，看不清表演的動作。有人獻給他一個綠寶石鏡片，藉由鏡片，他就可以看清楚表演了。這也許是最早的眼鏡。

　　一二九九至一三〇〇年，義大利威尼斯的阿瑪蒂製成了矯正近視的眼鏡，他的鏡片是用水晶磨製的。在一幅繪製於一三五二年的教堂壁畫中，出現了最早的使用眼鏡的圖片。

　　最初，眼鏡十分珍貴。法國國王查理五世在他的遺囑中還專門交代了由誰繼承他的眼鏡。

　　十七世紀，荷蘭的手工業十分發達，工人們從磨製金剛石和寶石中發展了磨製玻璃透鏡的手藝。荷蘭的玻璃透鏡磨製者製成了第一批望遠鏡。

一天，一位透鏡磨製工人在把兩個透鏡一遠一近地放在眼前時，看到遠處的風標變得又大又近。把兩片透鏡安置在一根管子的適當位置上，最初的望遠鏡就製作成功了。

一六〇九年，義大利科學家伽利略根據朋友的描述，從光的折射原理進行思考，很快自己製作成功了更大放大倍數的望遠鏡。伽利略把望遠鏡帶到威尼斯，在著名的聖瑪可廣場的塔樓頂層進行了展示。威尼斯的共和國政府官員和紳士們，驚奇喜悅地用望遠鏡輪流觀看。後來，伽利略把他製作的兩架望遠鏡贈送給了威尼斯政府。

一六一〇年，在《星界信使》的小冊子裏，伽利略公布了他用望遠鏡取得的發現。伽利略首先發現，月亮表面也和地球表面一樣是粗糙不平的，並不是平坦光滑的；他將望遠鏡指向天空的任何方向，都可以看到無數的星體；他發現銀河也是由千千萬萬顆暗淡的星星組成的。伽利略認為最重要的，是關於木星的四顆衛星的發現。這個發現既否定了古代關於遊動的天體只有七顆的斷言，又表明地球並不是所有的天體繞之運動的中心，這是對哥白尼學說的重要支持。另外，伽利略還觀察到了金星的週相變化，表面它是圍繞太陽運行的。他還發現，太陽也不是光潔無暇的，它的表面上有黑子，從黑子在太陽表面上的有規律的運動，他判斷太陽以大約二十七天的週期轉動。

伽利略不是第一個製作望遠鏡的，也不是第一個把望遠鏡指向天空的，他不滿足望遠鏡帶來的新奇感受，不是簡單看看就大肆感慨議論。他認真研究望遠鏡的製作理論和技術，可以根據需要設計製作不同放大倍數的望遠鏡。當時歐洲的一些天文臺紛紛向伽利略訂製望遠鏡。伽利略系統地進行天文觀測，並將這些觀測資料與天文學理論研究相結合，為哥白尼的太陽

中心說理論提供了有力的觀察證據，促進了天文學的發展。

《星界信使》的出版，使伽利略獲得了極高的榮譽，他被譽為「天上的哥倫布」，一六一○年七月，伽利略被邀請到佛羅倫斯任宮廷數學家和哲學家。

荷蘭科學家惠更斯研究了透鏡成像質量的改進問題，他發現，要得到好的觀測效果，望遠鏡鏡片表面的彎曲程度就要儘量減小，這樣，透鏡的焦距就很長。為了觀測土星，惠更斯製作了一架長三十七公尺的望遠鏡。功夫不負有心人，一六五五年，惠更斯發現了土衛六，由此聞名於世。一六五五至一六五六年，他發現了美麗的土星光環。

折射望遠鏡越來越笨重了，而且科學家還發現，望遠鏡成像時，在像的周圍帶有一個有顏色的光圈，物點光源的像成為有顏色的彌散斑。這種現象稱為色差，是早期的折射望遠鏡的致命弱點。

一六六八年，牛頓製成了第一架反射式望遠鏡。它用青銅作為反射材料，長大約十五公分，鏡面直徑只有二點五公分，放大倍數有四十倍，相當於兩公尺長的折射望遠鏡。後來，牛頓又製成了一架直徑為五公分的反射望遠鏡。一六七二年，他把這架望遠鏡送給了英國的皇家學會，並提交了一份有關光學的研究報告。牛頓因此參加皇家學會。現在，這架望遠鏡仍保存在皇家學會。

反射式望遠鏡也有明顯的缺陷，如反射光量較小，當時的合金還容易失去光澤，因此需要經常拋光。後來，從工藝上解決了在玻璃上鍍反射膜的問題，進而解決了光損失的問題。

最早發現消色差透鏡的是英國的一位律師霍爾。霍爾注意到，人的眼睛中的透鏡（晶狀體）是無色差的。他不迷信權

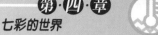

威，大膽嘗試消除色差。當時，英國的玻璃製造業很發達。玻璃分火石玻璃和冕牌玻璃，火石玻璃較爲耐用，透明度高，冕牌玻璃是窗戶上用的普通玻璃。霍爾發現，火石玻璃色散較大，冕牌玻璃色散較小。他用火石玻璃做凹透鏡，冕牌玻璃做凸透鏡，並設計得使這兩塊透鏡組合起來，可以使光匯聚到焦點，而顏色不會分散開。這樣的透鏡組合就是消色差透鏡。消色差望遠鏡的出現，使長鏡身的望遠鏡不見了。

　　十九世紀對太陽系各個行星的觀測工作都取得了很多成果，其中對火星的觀測曾經引起公眾極大的關注。一八七七年，義大利天文學家斯基帕雷利（G. V. Schiaparelli）用望遠鏡對火星進行觀測時發現，許多很規則的由暗色的槽和黑色條紋組成的「網路」覆蓋在火星的表面，而這些線條連接著火星表面上大塊的深色區域，這些深色區域當時被許多觀察者認爲是火星上的海洋。斯基帕雷利把他發現的線條稱爲"canali"，這個詞在義大利語中並不一定是「運河」的意思，它還有「途徑」和「槽」的意思，但是，天文學家和公眾卻傾向於「運河」這個譯法。這很自然就產生了火星運河和火星工程師等說法或者神話。今天，對火星的大量探測資料已經表明，火星上到處是寂寞荒涼而毫無生機的曠野，那裏即沒有偉大的運河，也沒有神奇的火星人。但是，人類對火星的探測並沒有結束，遠征火星可能成爲二十一世紀的航太技術的重要目標。

　　望遠鏡的使用和改進帶來了天文觀測一個接一個的新發現，一次次激發起學者和公眾的興趣，不僅促進了天文學的發展，而且諸如「外星人」這樣的名詞，還成爲影視和文學作品中的角色，在大眾文化中有了特定的地位。今天，各種光學望遠鏡在天文觀測中仍然發揮著重要作用。

發明複式顯微鏡的榮譽屬於荷蘭的眼鏡製造者詹森。

大約在一五九〇年，詹森的兩個孩子在擺弄父親的鏡片時，哥哥突然來了靈感，在一根銅管的兩端各裝上一個凸透鏡片。當他用自己的「新發明」對著一本書時，他發現，書上的逗號變成了一隻隻小蝌蚪。當弟弟拿它對準哥哥的眼睛時，弟弟看到，哥哥的眉毛竟然像一根根小木棍。

兄弟倆的發現引起了父親的重視。詹森用一根可以伸縮的管子，在兩端裝上凸透鏡片，製成了世界上第一台顯微鏡。當詹森調節好管子後，可以看清很小的物體。人們把詹森父子發明的裝置稱做「小魔管」，它很快風靡了歐洲。這就是最早的複式顯微鏡。

最初的顯微鏡只是一種玩物。荷蘭人雷文霍克（Antonie van Leeuwenhoek）改變了這種狀況。雷文霍克生於荷蘭的德爾布特，十六歲時父親去世，他也從此離開了學校。雷文霍克曾在一個布店當學徒，後來又在德爾布特市政廳謀得了守門人的職務。

完全靠自學，雷文霍克掌握了磨製鏡片和製作顯微鏡的技術。他用自製的顯微鏡廣泛地進行觀察。他觀察了小魚的透明尾巴中的血液迴圈、蜜蜂的螫針、蚊子的長嘴、甲蟲的細腿等等。他往往一看就是幾個小時，他還經常把觀察物固定在透鏡下幾個月不動，有

雷文霍克

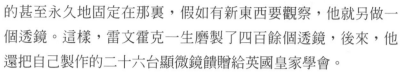

的甚至永久地固定在那裏，假如有新東西要觀察，他就另做一個透鏡。這樣，雷文霍克一生磨製了四百餘個透鏡，後來，他還把自己製作的二十六台顯微鏡饋贈給英國皇家學會。

雷文霍克有許多觀察發現，最重要的是發現了微生物世界。大約在一六七五年，雷文霍克用他的顯微鏡發現了微生物，他稱為「微動物」。他激動地向人們描述了他的發現，這的確是一個奇妙的新天地，一個前所未見的世界。當時，許多人都前來用雷文霍克的顯微鏡進行觀察，連英國女皇也拜訪了他。俄國彼得大帝到荷蘭考察造船技術時，也特意訪問了雷文霍克。

雷文霍克並不是第一個製造、也不是第一個使用顯微鏡的人，但他卻是第一個使人們懂得使用顯微鏡能作出什麼事情的人。

英國科學家虎克是十七世紀著名的發明家。發現彈性體的胡克定律是最富盛名的科學成就之一。虎克在儀器製造方面的才幹尤為突出，他製造的複式顯微鏡是早期最出色的這類顯微鏡的一種，他被尊稱為現代顯微鏡基礎的奠定者。

一六六五年，虎克出版了《顯微術》，或稱為《微觀圖解》，這是最早論述顯微觀察的專著，詳盡無遺地

●虎克●

說明了有效使用顯微鏡的方法。虎克的複式顯微鏡用一個半球形單透鏡作爲物鏡，一個平凸透鏡作爲目鏡。鏡筒長約十五公分，但可用一個附加的拉筒來加長。鏡筒用螺絲裝在一個可以活動的環上，環裝在一個立架上。待觀察物固定在一個從底座伸出的針狀物上，並用一隻燈照明，燈上附有一個球狀聚光器。

使用自製的顯微鏡，在觀察軟木栓的結構時，虎克看到了一個個的小室（英文稱cell），即發現了生物的基本單位──細胞。這一術語經虎克引入科學後，一直沿用至今。

虎克還對顯微鏡下動植物的構造做了詳細的描述，並畫出了蒼蠅的複眼、鳥的羽毛等的結構。

顯微鏡的發明和使用爲人類打開了通向微觀世界的道路，今天，光學顯微鏡在生物學、醫學生理學等領域仍然是重要的觀測手段。

4.2 光色之謎

光色問題長期引起人們的思考，近代歐洲人對顏色的認識，最初大都承襲亞里斯多德的觀點，認爲顏色不是客觀的，只是一種主觀感覺，一切顏色皆由光明與黑暗、白與黑的按比例混合而成；媒質具有讓光通過的可能性，而光把透明媒質物體的可見性變成現實。

牛頓使得對顏色的研究有了很大的進展。還在讀書期間，牛頓聽過他的老師巴羅（Isaac Barrow, 1630-1677）教授的光學課，並幫助巴羅整理過《光學講義》。牛頓還自己磨製鏡片，裝配顯微鏡和望遠鏡，並進行過光學實驗。一六六六年，在家鄉

躲避瘟疫時，牛頓進行了著名的色散實驗。後來他描述說：「把我的房間弄暗，在窗板上鑽一個小孔，讓適當量的日光進來。我再把稜鏡放在日光入口處，於是日光被折射到對面牆上。當看到由此而產生的鮮豔而又強烈的色彩時，我起先真感到是一件賞心悅目的樂事；可是當我過一會兒再更仔細地觀察時，我感到吃驚，它們竟呈長橢圓的形狀；按照公認的折射定律，我曾預期它們是圓形的。」

　　為了進一步揭示色散現象的本質，牛頓用三個稜鏡做了進一步的實驗。他拿三個完全相同的稜鏡和一個凸透鏡，組成如**圖4-1**的光路。實驗結果是，經過第一個稜鏡分散的各種顏色的光，在第二個稜鏡還原成白光；經過第三個稜鏡再分解為色光；並且第一個稜鏡後的色光與第三個稜鏡後的色光是對應的，如果在第一個稜鏡後用障礙物遮擋掉某一種顏色的光（如紅光），在第三個稜鏡後的光譜帶中也就找不到這種顏色的光了。

　　牛頓認識到，顏色是光所固有的特性，不同顏色的光有不同的折射本領，白色是各種不同顏色的光按適當的比例混合而成的。

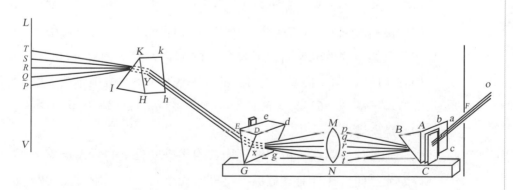

圖4-1　牛頓用三個稜鏡所做的實驗

　　牛頓的色散實驗不僅說明光色是客觀的，也揭開了光譜學的歷史，不過，由於牛頓不是用狹縫而是用圓孔作爲光欄，他沒有觀察到光譜譜線。

　　十九世紀，人們對光譜進行了廣泛的研究。在將食鹽、硝石、鉀鹼等物質放進酒精燈火焰中，觀察其產生的光譜時，發現不同物質會發射出數量、顏色不同的光線，凡是含納的物質都會發射出明亮的黃線。透過對太陽光譜各部分熱效應的觀察，發現了紅外線。根據氯化銀變黑在紫端之外也存在，紫外線被發現。太陽光譜得到進一步的細心檢驗，太陽光譜中的多條暗線得到精確測量，爲此後的光譜精確測量提供了基礎。大量的研究已經使人們認識到發射光譜與光源的化學成分和激發方式有密切的關係。

　　一八五九至一八六二年，德國物理學家基爾霍夫（G. R. Kitchhoff）和化學家本生（R. W. Bansen）合作對光譜進行了研究。他們使用本生發明的能量提供高溫、不發光的氣體火焰的本生燈進行光譜實驗。本生燈產生的高溫能使包括一些金屬的許多物質被蒸發，並發射出自己的光譜線。基爾霍夫和本生還研究了各種火焰光譜和火花光譜，他們認爲光譜中的明線可以作爲某種金屬元素存在的確切標記，從而開創了現代光譜學。在研究鹼金屬的光譜時他們發現了兩種新元素：銫（1860年）和銣（1861年）。接著，克魯克斯（W. Crookes）發現了鉈，里奇發現了銦（1863年），波依斯邦德朗發現了鎵（1875年），用的都是光譜方法。

　　光譜分析對在分析和鑑定物質的化學成分上的巨大意義，導致光譜研究工作急驟發展。早期的光譜研究只限於可見光區域，後來逐漸向紅外和紫外方向發展。今天，小到分子原子，

大到星球宇宙，各種光譜帶來的資訊是人類認識自然界的重要資訊來源。

　　十九世紀八〇年代，已經獲得了大量的光譜觀測資料，科學家致力於探詢譜線的規律。一八八四年，一位瑞士數學教師巴耳末（Johnn Jakob Balmer）在繁雜的譜線資料中總結出了氫光譜的簡單規律——巴耳末公式。這導致對光譜的成因、光譜規律的解釋等問題的研究，開闢了利用光譜研究物質微觀結構的新時代。

4.3 追逐光線的歷程

　　光的運動速度極快，而且它又是那樣難以捉摸。光速是有限的還是無限大的？如果光速是有限的，它在一秒鐘內可以走多遠呢？這些問題吸引了歷史上很多傑出的科學家。從古至今的不少科學家都用當時最先進的技術，設計過精巧的光速測量實驗。

　　古希臘時期，大多數學者都相信光速是無限的，認為測量光的速度是徒勞無益的事。文藝復興時期，義大利科學家伽利略認為，光雖然傳播得很快，但光速是可以測定的。一六〇七年伽利略進行了最早的測量光速實驗。伽利略的方法是，他和助手在夜間分別站在相距一點五公里的兩座山上，每人手持一盞燈。伽利略先打開燈，當助手看到伽利略的燈光時立即打開自己的燈，從伽利略打開自己的燈到他看到助手的那盞燈的燈光的時間間隔，就是光傳播三公里的時間。但是，在實驗中，時間無法測準，這種方法根本行不通。因為光的速度實在是太快了，它通過三公里只用十萬分之一秒。伽利略的實驗實際上是測量了他和助手反應的時間。

　　伽利略的實驗失敗了，但他打破光速無限的傳統觀念，提出光速有限的思想和如何測量光速的問題，這對科學的發展是有積極意義的。在談到伽利略的光速實驗時，愛因斯坦給予了高度評價，他認為，提出一個問題往往比解決問題更重要，提出問題要有創造性思想，標誌著科學的進步；而解決問題可能只是實驗手段和數學技巧問題。

　　光速的測量首先在天文學上獲得突破，宇宙廣闊的空間提供了測量光速所需的足夠大的距離。一六七五年，丹麥天文學家雷默（Ole Røemer）首先提出了光速測量的有效方法。

　　一六七六年，雷默向巴黎天文臺提出一個神秘的預言：預計當年十一月九日五時二十五分四十五秒要發生的木衛蝕將推遲十分鐘。巴黎天文臺的科學家們抱著半信半疑的態度，對這次木衛蝕進行了觀測並最終證實了雷默的預言。雷默是怎樣得出這個預言的呢？

　　雷默在一六七二到一六七六年的四年間多次觀察木星的最近的一顆衛星，這顆衛星不停地繞木星轉動，當它進入木星的陰影中被木星遮掩，就發生木衛蝕。雷默在觀察中發現，在一年的不同時期，木衛蝕發生的周期是變化的。雷默認為發生這種現象的原因並不是木衛圍繞木星一周的時間發生了變化，而是因為地球和木星之間的距離發生了變化。他認為，由於光速是有限的，當地球和木星相距較遠時，觀測到木衛蝕的時間就有推遲。雷默還推算出光跨越地球繞日軌道所需要的時間大約是二十二分鐘。

　　根據雷默的資料，著名的荷蘭科學家惠更斯推算出了光的傳播速度為：214,000公里／秒。這是人類得到的第一個實際光速比較接近的光速數值。一七二八年，英國天文學家布萊德雷

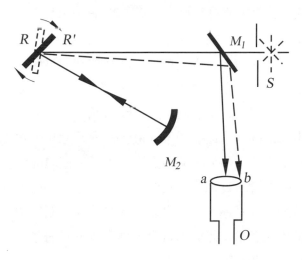

圖4-2 傅科測量光速實驗

（James Bradley）採用天文學上恒星的光行差法，得到了更接近光速實際值的資料：301,000公里／秒。

　　直到十九世紀才實現了在實驗室裏測量光速的數值。一八五○年法國科學家斐索（A. H. Fizeau）完成了一項精巧的實驗，首先在實驗室測得光速。一八六二年，法國科學家傅科（J. L. Foucault）改進斐索的實驗，他只用一個光源、一面鏡子和一面旋轉的鏡子。傅科將光線照在一面旋轉的鏡子上，再從那裏反射到一面固定的平面鏡上，隨後光線又從這面鏡子反射回旋轉的鏡子上。在這個過程中，光線會偏轉一定的角度，這是由於鏡子旋轉造成的。通過測量這個角度，傅科計算出的光速值為298,000公里／秒。

　　一八七九年，美籍物理學家邁克耳遜對傅科實驗進行了改進。邁克耳遜把旋轉鏡和平面鏡之間的距離從傅科的二十延長

到一百八十公尺，他得到的光速值是299,910公里／秒。在此後的四十年中誰也沒有能夠比這做得更好。一九二三年，邁克耳遜重做了這個實驗，將兩面鏡子安放在加利福尼亞兩座相距三十五公里的山上，他獲得的光速為299,796公里／秒。

邁克耳遜完成的另一個光速實驗可能更為有名。他發明了一種後來以他的名字命名的干涉儀。一八八七年，邁克耳遜和和美國科學家莫雷一起，使用邁克耳遜干涉儀試圖測量地球運動對光速的影響。實驗結果表明，地球的運動不影響光速。這就是著名的邁克耳遜－莫雷實驗。由於對光學精密儀器及其應用於光譜學和計量學研究的貢獻，邁克耳遜獲得了一九○七年的諾貝爾物理學獎。

4.4 優異的新光源

雷射是二十世紀中葉以後近二十至三十年內發展起來的一門新興科學技術。它是現代物理學的一項重大成果。雷射科學從它的孕育到初創和發展，凝聚了眾多科學家的創造智慧。

一九一六年愛因斯坦提出了受激輻射理論，為雷射物理的創立奠定了理論基礎。但是，直到第二次世界大戰前，物理學家們試圖透過受激輻射來實現光放大的努力都未能如願以償。

第二次世界大戰以後，由於雷達和通信技術的發展，人們加強了對微波理論的研究，一大批物理學家進入這個領域，而戰爭中迅速發展完善起來的與雷達技術有關的許多設備為他們的研究創造了實驗條件，正是這些研究促進了雷射技術的出現。

二十世紀五○年代，微波激射器的研製首先獲得突破，美國物理學家湯斯（C. H. Towns），原蘇聯科學家巴索夫（Nikolay

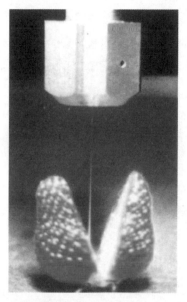

圖4-3 雷射切割

G. Basov）和普羅霍洛夫（A. M. Prokhorov）都做出了重要貢獻，他們在一九六四年共同獲得了諾貝爾物理學獎。一九六〇年五月十五日，梅曼（T. H. Mairnan）製造的第一台紅寶石固體雷射器在美國休斯實驗室首次成功運轉，得到了人類第一束雷射。

雷射是一種全新的光源，它有明顯地優於普通光的性質。

雷射的第一個特性是方向性好。探照燈是方向性很好的普通光源，使用普通光源的探照燈，在照射路徑達到幾千公尺時，它的光束就會擴散到幾十公尺的範圍，而同樣情況下，雷射光束只擴散幾公分。

雷射的第二個特性是亮度高。由於雷射的方向性好，雷射光束能使能量集中在極小的範圍內，它的亮度可以達到很高。

例如，一台輸出功率為 10^9 瓦／平方公分的紅寶石雷射器，它的亮度可以達到太陽表面亮度的幾十億倍。匯聚高強度的雷射能在焦點處產生幾百萬度至幾千萬度的高溫。利用這個特性，雷射可以用來切割各種材料。

雷射的第三個特性是單色性好。雷射光束的顏色極純。普通光源單色性最好的是同位素氪燈，但雷射光束比但氪燈好十萬倍以上。

雷射的第四個特性是相干性強，即雷射中所有光波都有相同的頻率、相位和傳播方向。相干性強的光用於測量距離時誤差就很小。一九六九年七月，美國阿波羅十一號的太空人把雷射器帶到月球，使月球的合作測距成為可能。用這種技術測得的地月間距離可以準確到十五公分左右。而過去的普通天文技術精確度為三點二公里左右，雷達測量的精確度也只有一點一公里。

雷射技術有廣泛的應用。在傳統工業中，雷射用於加工、准直和檢測已經十分普及，大大提高了生產效率和產品質量。如雷射打孔，從以往幾分鐘加工一個提高到每秒十個以上，使加工效率大大提高。利用雷射，可以焊接用普通方法難以焊合的材料，並具有成本低、加工效率高和容易實現自動化等優點。

利用各種類型的雷射器，醫學界已經使雷射在多方面獲得了重要應用，如雷射視網膜焊接、雷射照射治療各種癌症及腫瘤、雷射針灸、雷射手術刀、雷射啟動藥物抑制癌細胞生長、雷射探測血液運行、雷射血管內處理、雷射牙科等等。雷射醫學已成為專業的學科，不少雷射醫療器已經商品化，有的醫院還設立了雷射科。

大多數雷射治療具有療程短、患者無痛苦或痛苦少、操作方便、費用省等優點，因此，雷射治療受到廣大患者和醫生的歡迎。

　　由於雷射作為光波段的相干輻射源，就理所當然地成為資訊的理想載體。雷射排版、雷射分色、雷射列印等技術帶來了出版業的革命和辦公自動化。以雷射為識別光源的條碼已經廣泛應用於商品、郵件、圖書、檔案的管理，顯著提高了工作效率雷射的應用，對當代資訊技術產生了並將繼續產生重大而深遠的影響。

　　雷射技術一直受到軍事部門的重視與支持，這是雷射技術迅速發展的重要推動力之一；同時雷射技術也為軍事能力的提高發揮了重要的作用。雷射的優異特性在軍事領域中轉換成摧毀能力強、測量精度與解析度高、資訊容量大、抗干擾和保密性好等優點，因而顯著提高了一些武器裝備的性能，並產生一種新概念——雷射武器。雷射武器增強了偵察、識別、制導、導航、指揮、控制、通信、訓練和光對抗等軍事能力，成了軍事力量的「倍增器」。

　　在科學研究的廣泛領域，雷射也有重要應用，我們在日常生活中，也經常可以看到雷射在發揮作用。

What Is Physics?

5.電磁理論與現代生活

現代生活離不開電，電燈、電話、電視、電腦⋯⋯都要用電。現代工農業生產也離不開電，現代科學技術更離不開電。人類對電和磁現象的觀察認識有幾千年的歷史，在十八世紀以來的兩百多年中，取得了電磁學理論和和電力應用技術的真正的進步，許多傑出科學家為電氣化時代作出了劃時代的貢獻。

5.1 靜電、靜磁學的成就

靜電、靜磁現象很早就受到人們的注意。西元前六、七世紀發現了磁石吸鐵、磁石指向以及摩擦生電等現象。文藝復興時期，開始了對這些現象的系統研究。一六○○年，英國醫師吉爾伯特發表著作《論磁》。他認真分析前人的工作，進行了許多靜磁學、靜電學實驗，並在實驗基礎上大膽提出自己的觀點。《論磁》的出版標誌著磁學的誕生。

早期的電學研究被認為是一種「電氣魔術」。羽毛漂浮實驗、人體帶電和放電實驗、電震實驗都是其中的精彩內容。

羽毛漂浮實驗最早是由十七世紀的德國科學家奧托·馮·格里克（Ott Fon Gerik）發現的。格里克製成了最早的摩擦起電機，他把摩擦過的帶電硫磺球從架子上取下來，手拿著它的軸靠近羽毛，羽毛就被吸引到硫磺球上面；但羽毛一碰上硫磺球卻又立即被排斥飛離開去，這是由於羽毛和硫磺球帶同種電荷，它們之間產生靜電排斥。格里克拿著帶電的硫磺球追趕排斥飛舞的羽毛，不讓羽毛落下，使羽毛漂浮在空中。格里克描述說，羽毛張開著，飛舞著，就像活了一樣。在格里克以前，人們只注意到了靜電吸引現象，羽毛漂浮實驗演示了靜電排斥現象。格里克喜好自己動手製作實驗儀器設備，善於組織科學

實驗表演，他的實驗總是給人留下非常強烈的印象，就連當時的國王也觀看過他的實驗表演。

英國科學家格雷（Stephen Gray）和法國科學家杜費（Gharles-Francois de Cisternai du Fay）也熱心於電學研究，尤其是格雷最先進行的人體帶電實驗曾經引起轟動，並被很多人模仿。至今在科技館中，人體帶電的實驗演示也還是非常吸引參觀者的。

一七四六年，荷蘭萊頓大學的物理學家穆欣布羅克（Petrus Van Musschenbroek）在實驗中感受到了，他稱爲電震的電擊。帶電體所帶的電在空氣中會逐漸消失，電學實驗者想找到把電保存起來的方法。把看不見、摸不到的電保存起來，這似乎是一個異想天開的想法。然而，發現問題是探索和創造的開始。在荷蘭的萊頓大學，實驗者用玻璃瓶中的水來保存電荷。一次，在試圖使玻璃瓶中的水帶電時，穆欣布羅克感受到了強烈的電擊。一根黃銅線的一端與摩擦起電機連接，另一端放入裝了水的玻璃瓶中，穆欣布羅克用右手拿著玻璃瓶，用左手試圖從黃銅線上引出火花。突然，他的右手受到了猛烈的電擊。在給友人的信中，穆欣布羅克描述了實驗的經過，說明電擊使他產生了無法形容的可怕感覺。他在信中說：「我希望告訴你一個新的但可怕的實驗，我勸你絕不要親自去試驗它。」

電震實驗激起了人們極大的興趣，研究者小心地進行重複，不僅用人做實驗，也用一些小動物做實驗，觀察電擊的影響。後來，人們把電震實驗中使用的瓶子叫萊頓瓶。萊頓瓶實際上是一個電容器。現在，我們知道，兩個彼此靠近由相互絕緣的導體都可以組成的電容器，電容器可以充電和放電。充電的電容器與人體之間放電，人就可以感到電擊。

電閃雷鳴是常見的自然現象，雷擊所釋放的能量往往造成對人類財產和生命安全的威脅，得益於許多科學家對電現象的大膽探索研究，直到十八世紀，美國科學家富蘭克林終於捕捉到閃電，發明了避雷針，使人類最終征服了雷電。大約一七四六年，在美國波士頓的街頭，富蘭克林看到一位歐洲人正在表演被稱做電氣魔術的靜電實驗，他感到極為新鮮。不久，一位英國朋友從歐洲給富蘭克林寄來了做靜電實驗的儀器和用品，他立即動手重複在街頭所看到的實驗。

多次重複以後，富蘭克林學會了不慌不忙地運用儀器，能夠演示羽毛實驗、用萊頓瓶放電點燃蠟燭、電擊火雞等小動物的電震實驗等。富蘭克林進行實驗時，屋子裏總是擠滿了觀看的人。

在開始電學研究不久，根據觀察到的電現象，富蘭克林提出了一個大膽的猜測：天空中的閃電和摩擦起電產生的電火花是同一種東西。他認為閃電是帶電的雲大量放電造成的。為了證明這一猜測，富蘭克林決心要把天上的電引下來，進行實驗。

他首先提出了「崗亭實驗」的設想，就是在高大的建築物頂端建立一間小木屋，在木屋中的一個絕緣架上，固定一根筆直伸向天空的鐵桿，透過鐵桿把大氣中的天電

●富蘭克林●

引下來，進行實驗。

　　一七五二年六月，富蘭克林又設計和完成了著名的「風箏實驗」。他成功地將天電引下來，收集在萊頓瓶中，並且證明這樣獲得的電和摩擦產生的電是一樣的。他在給皇家學會的信裏寫道：「由此得來的電火可以使酒精燃燒，並可以進行別的有關電的實驗，而這些實驗平常是靠摩擦小球或小管來做的。這就完全證明摩擦產生的電的性質和天空中的閃電是同樣的。」

　　天空中的雲，有的帶正電，有的帶負電；當兩塊帶不同電的雲靠近時，會發生大規模的放電現象，這就是雷電。風箏實驗是十分危險的，富蘭克林採取了很好的防止雷擊的措施，在雨水打濕風箏之前，就要躲避到屋子裏，而且不能讓打濕了的風箏線與屋子接觸。在歷史上曾經發生過進行天電研究而遭到雷擊的嚴重事故。

　　富蘭克林的實驗揭開了雷電神秘的面紗，顯示了雷電的本質，對人們的思想產生了極大的震撼，是人類認識自然的歷史上一個劃時代的進步，實驗轟動了全世界。

　　雲與地面之間也會發生放電現象，這就是落雷。落雷很危險，可以焚燒樹木，擊毀建築物，擊傷、擊死人畜。

　　在電學研究中，富蘭克林注意到金屬導體的尖端容易放電的現象，即「尖端放電」現象，並很快意識到尖端放電的重要性。一七五○年他由此提出了避雷針的設想。他說：「尖端有這種本領，這知識不就可以用於保護人類，保護房屋、教堂、船舶免遭雷擊嗎？這種知識指導我們在那些大廈的最高部分豎一個尖端向上的物體，加上鍍層防銹，在這樣的物體下端連一根導線，沿建築物外邊通到地下，或沿船桅的一條繩索經船邊伸到水裏。這些尖端不就可以在雲走到足夠近、發生雷擊之

前，從雲裏悄悄地取走電火，從而使我們避免突然和可怕的傷害而得到安全嗎？」

一七五三年，富蘭克林在他自己印刷發行的的曆書中詳細介紹了避雷針的製作安裝方法。到一七八二年，富蘭克林居住的費城已經架設了約四百根避雷針。避雷針是電學研究給人類帶來的第一項有實際應用價值的發明，兩百多年來，它不知為人類避免了多少次生命和財產的損失。

富蘭克林是美國傑出的政治家、科學家和文學家。一七○六年，富蘭克林出生於美國波士頓，他的父親經營著一個肥皂和蠟燭作坊，家庭子女眾多，生活貧苦。富蘭克林只上過兩年初等學校，十歲輟學，從此開始了勞動謀生的生涯。十二歲，富蘭克林轉到哥哥辦的印刷所裏作學徒。在以後五年多的時間了，不僅學會了排字和印刷，他還勤奮自學，廣泛閱讀。十七歲時，富蘭克林來到賓夕法尼亞的費城，開始獨立從事印刷事業，他刊行曆書，出版報紙，為政府印刷紙幣，實業上獲得了很大成功。他組織讀書俱樂部，在費城創辦了北美第一個公共圖書館，成立了北美第一個科學研究機構——費城哲學會。

開始電學研究時，富蘭克林已經四十歲了，事業有成，工作繁忙，是一位社會名人，但他卻全心投入到電學的研究中。他在自傳裏寫道：「我以前在任何研究上，從沒有像現在這樣全神貫注過」，以致幾個月「沒有餘暇顧及其他任何事情」。「這些實驗涉及到我完全陌生的事，所以使我感到驚奇，使我得到了滿足。」富蘭克林並沒有停留在滿足一時的興趣和好奇，他認真觀察，大膽提出假說，並用實驗來檢驗自己的觀點。他追求科學研究能夠給社會帶來益處，拒絕接受避雷針的發明專利，積極宣傳推廣避雷針的使用。在近十年的電學研究中，富

蘭克林在許多方面超過了歐洲的科學家。

富蘭克林獲得了很高的榮譽，美國人民稱他爲「偉大的公民」。

5.2 電流的發現與直流電源的發明

十八世紀末，義大利有一位著名的生理學家和醫生伽伐尼（Luigi Galvani），他長期進行動物神經對刺激反應的研究，同時他對電現象也十分感興趣。一個意外的現象把他引向了電流的發現。

一七九一年，伽伐尼發表了題爲《論肌肉運動中的電力》的論文。他在論文中寫道：「我解剖了一隻青蛙，並把牠放在桌上，在不遠的地方有一架起電機，當我的一個助手用一把解剖刀觸及青蛙內側的神經時，青蛙的四肢立即劇烈地痙攣起來。」「幫助我作電學實驗的另一個人回憶說，他注意到這時在起電機上發生了一個火花，我自己當時正在從事另一件工作。但當他使我注意到這一現象時，我很願意自己試一試，以發現其中的道理，於是我也在別人引出一個火花的同時，用刀尖去觸動這一條或那一條神經，並且跟以前完全一樣，同一現象又重現。」

是什麼原因引起了蛙腿的運動呢？最初伽伐尼認爲蛙腿的運動可能與起電機產生的電火花有關。經過多次的實驗之後，伽伐尼才基本上弄清楚，只有當使用兩種連接起來的金屬導體的兩端分別與青蛙的肌肉和神經接觸時，才會引起青蛙四肢的痙攣；用絕緣體或單一導體的刺激並不能引起肌肉的收縮。起電機上的火花不是蛙腿運動必須的條件。伽伐尼認爲這是一種

電現象。伽伐尼設想，蛙腿運動是由神經傳到肌肉的一種特殊的電流體所引起的，金屬起著傳導電的作用。伽伐尼知道自然界有些生物自身是帶電的，作為一個生理學家，他很自然地把這種來自青蛙身上的電流體稱為「動物電」。

伽伐尼對青蛙的實驗持續了很多年，他實際上是發現了電流的存在，但是他沒有認識到蛙腿運動現象的本質。伽伐尼的發現把電學的研究工作從靜電推進到動電的領域，奏響了電磁學輝煌發展的序曲。

在科學實驗中，科學家有時會發現一些預料之外的偶然現象，科學家如果能夠抓住機遇的啟示，有可能進入新的研究領域，導致重大的科學發現。

伽伐尼的論文引起了義大利物理學家伏特（Alessandro Volta）的極大興趣。伏特很快就成功地重複了伽伐尼的實驗，但是在隨後的研究中，伏特逐漸遠離了伽伐尼的動物電假說，轉向了對效應的物理解釋。他認為，關鍵在於兩種不同金屬的連接，只要將相連接的兩種金屬浸在液體或潮濕的物質中，就會出現電的效應；而蛙腿只產生了驗電器的作用，讓人們有可能觀察到電流的效應。

一八○○年春，伏特在給英國皇家學會的信件中，公布了他發明的「電堆」。伏特在一塊鋅片和一塊銅片之間，夾上浸

●伽伐尼●

透了鹽水或鹼水的厚紙板、布片或皮革等潮濕物質的夾層，再把幾十個這樣的單元疊放起來，或者再將幾個這樣的「堆」連接起來，便可以在其兩端引出強大的電流，甚至可以引起像萊頓瓶放電時所感到的電擊。

伏特實際上是製成了第一個直流電源。伏特電池的基本構成是兩片不同種類的金屬，以及隔在金屬中間的化學溶液。它實際上是利用化學反應來製造電流。為了增強效應，將許多伏特電池疊在一起，製成的電堆電堆就是最早的電池組。現在使用的各種各樣的化學電池，它們的原理和和伏特電池是一樣的。

●伏 特●

伏特的電堆能夠提供持續不斷的電流，這為電學的進一步發展創造了條件。他的研究工作把電學從研究摩擦起電等靜電現象引向了對運動的電電流的研究。為了紀念他發明電堆為電學發展所做的貢獻，電動勢、電勢差、電壓的單位用「伏」來表示。

伽伐尼和伏特的發現，引起了歐洲學術界的注意，很多科學家積極投入研究，一些國家還成立了伽伐尼研究學會，交流研究成果。一八〇一年，伏特被法國伽伐尼研究會請到巴黎，演示他的新發現。

在用伏特電堆進行實驗時，人們很快發現電流可以產生化學效應，一門新的學科——電化學產生了。之後，電現象和磁

現象之間的聯繫的發現，發電機和電動機的發明、製造和推廣使用，人類進入了電的時代。

5.3 電磁聯繫與電力技術

一八二〇年是電磁學歷史上一個重要的年代，這一年，丹麥科學家奧斯特（Hans Christion Oersted）發現了電流的磁效應。

奧斯特是丹麥哥本哈根大學的教授，在自然科學各個領域都有廣泛的興趣。奧斯特認為電的一些效應應該和磁的效應有關係，並試圖透過實驗找到電和磁轉化的具體條件。雖然最初幾年的探索都失敗了，奧斯特一直也沒有放棄，直到一八二〇年，他觀察到了第一個現象。

奧斯特用電池作電源，讓電流通過一根很細的鉑絲，在鉑絲下放置一個用玻璃罩罩著的小磁針。接通電路前，他先讓導線和磁針沿著南北方向平行放置；接通電源後，他發現小磁針轉向了和導線垂直的方向。這就表明，鉑絲中的電流產生了磁效應，影響了小磁針的指向，這就是電流的磁效應。

奧斯特的發現震動了歐洲學術界，打破了科學界一個多世紀以來所相信的電與磁無關的觀點，開闢了一個嶄新的研究領域。正如法拉第（Michael Faraday）所說，這個發現「猛然打開了科學中一個黑暗領域的大門」。歐洲科學界的許多科學家都轉向這個領域開展工作。

開始，法國科學家群體的反應最迅速，並很快取得了成果。法國當時著名的科學家阿拉戈（Arago Dominque Francois Jean）、安培（André Marie Ampere）、畢奧（Jean-Baptiste

Biot）、薩伐爾、拉普拉斯等人都在電學研究中取得了成就。法國科學家安培最先製成螺線管，與阿拉戈一起發明了電磁鐵，進行了電磁場的磁化實驗等。畢奧、薩伐爾、拉普拉斯建立了電流磁場的畢－薩定律。安培還發現通電導線之間也存在著作用力。他做了有名的通電平行導線間作用力的實驗，觀測了作用力的大小和方向。後來，透過實驗和數學分析結合，他建立了關於電流之間作用力的大小和方向的安培公式。由於對電學的多方面貢獻，安培被稱爲「電學中的牛頓」。今天，在任何一件電器的標牌上，我們都可以看到大寫的安培名字的第一個字母A，那是人們用電流的單位來紀念他，中文讀作「安培」。

一八二二年，英國科學家法拉第也進入電磁學研究領域。

奧斯特的發現引起了這樣的思考：能不能用磁體使導線中產生出電流來？很多科學家相信，答案應該是肯定的。但是，在尋找用磁產生電流的具體途徑時，最初的探索都沒有成功。

法拉第也相信磁可以產生電，早在一八二二年，法拉第在筆記本中就記下了這樣的信念：「一定要轉磁爲電」，並且還記錄下幾個試圖用磁體使線圈帶電的不成功的實驗嘗試。在電磁感應現象發現之前六年，法拉第仿照靜電感應，在日記中就使用了「感應」這個詞。從法拉第的日記中我們可以看到，明確記載的失敗就有三次，每次失敗他都記上「沒有效果」。

一八三一年，法拉第給皇家研究院打報告，請求暫停光學玻璃的研究，以便研究電磁鐵和把磁變爲電的問題。爲了製作高效率的電磁鐵，他把銅線繞在一個鐵環上。八月二十九日，法拉第在他的日記中留下了第一次成功的記錄。這一次法拉第訂做了一個軟鐵環，圓環上繞兩個彼此絕緣的線圈A和B，B線圈的兩端用一條銅導線連接，形成一個閉合迴路。在銅線下

圖 5-1　法拉第的實驗裝置

面，平行放置一個小磁針。然後把 A 邊與一組由十個電池組成
的電池組相連接。法拉第在日記中記述道：「這時立刻觀察到
磁針上的效應，它振動起來並且最後停在原來的位置上。在斷
開 A 邊與電池的接線時，磁針又受到擾動。」接下來，法拉第
對新的實驗現象進行進一步的確證。法拉第觀察到在 A 邊接上
電池以後，B 邊附近的磁針並不會持續偏轉，而是很快又靜止
在原先的位置上，不管電池接上的時間有多長，可見實驗呈現
的是對磁針的瞬間擾動。法拉第緊接著總結道：「呈現出來的
效應很明顯但是是一種暫態效應。」

　　發現電磁感應後，法拉第用了大約一年的時間，對它作了
專門的詳細研究，他做了各種各樣的實驗，這一段時間，他在
日記中共寫了四百四十一條有關電磁感應的記錄，並畫了不少
草圖。

　　應該說電磁感應現象的研究是當時的一個國際性課題，許
多科學家都做了有益的探索。

　　美國科學家亨利（J. Henry, 1799-1878）在這一時期同樣提

出了磁能不能產生電的問題。一八二九年他在實驗電磁鐵的提舉力並用這種裝置進行電報機的早期實驗時,意外地發現了通電線圈在斷開時所產生的強烈的電火花。亨利發現了自感現象。一八三〇年八月,他繼續對這一現象進行研究。他將一個線圈連接到電流計上,把線圈放在電磁鐵的兩端之間,發現在電磁鐵接通和斷開電流時,電流計的指標都會突然發生偏轉。由於繁重的教學工作,他的實驗一度停頓下來。直到一八三二年七月他才發表了一篇論文,敘述了他在聽到法拉第的工作以前和以後所作的實驗。

一八二五年,瑞士科學家科拉頓(Jeans Deniel Colladon)也在尋找磁產生電的途徑,他作了一個大線圈,準備了一塊強磁鐵。為了排除磁鐵檢流計的影響,他把檢流計放置在另一個房間,再用長導線接到線圈的兩端。科拉頓每次改變磁鐵對線圈的位置之後,再到另外那個房間去查看檢流計指標的擺動情況,結果當然是什麼都沒看到。

5.4 實驗科學家法拉第

法拉第是十九世紀英國著名物理學家,他在物理學和化學領域都有傑出貢獻。

一七九一年,法拉第出生於倫敦近郊一個小村子裏,他的父親是個鐵匠。由於當時歐洲連年的戰爭,以及工業化帶來的衝擊,法拉第一家人的生活日益艱難。五歲那年,法拉第全家搬到倫敦定居,全靠父親幫工度口,到法拉第十歲時,他們只能靠領救濟金勉強維持生活。

法拉第沒有機會接受正規系統的學校教育,只接受過一點

點讀、寫、算的啓蒙教育。一八○四年，十三歲的法拉第開始在一家售書兼裝訂書的店鋪裏當報童，後來又作了裝訂圖書的學徒，他在那裏一直工作了八年。這個工作使法拉第有機會接觸到大量的圖書，他如饑似渴地進行閱讀，獲得了廣泛的科學知識。正是透過自學，法拉第開始走上了科學的道路。法拉第說：「這些書中有兩本對我特別有幫助，一本是《大英百科全書》，我從它第一次得到電的概念；另一本是馬斯特夫人的《化學談話》，它給了我這門科學的基礎。」法拉第還省吃儉用，用自己很少的零用錢購買簡單的實驗用品，動手做了一些簡單的化學實驗。

在這期間法拉第還結識了一些熱愛科學的朋友，他們一起讀書，參加一些科學演講會，進行廣泛的討論交流。一八一二年秋，法拉第獲得了四張皇家學院科學講座的入場券，有機會聆聽了著名化學家戴維爵士有關化學的講演會。法拉第被這些講演深深地吸引，他仔細聽講，認眞作筆記。此時二十一歲的法拉第已經不甘心只做一個科學愛好者，他想跨進科學的大門。

法拉第大膽地把他的願望寫信告訴了戴維，同時附上他精心整理和附有插圖的聽講筆記，希望戴維能幫助他實現這個願望。戴維對法拉第的身世深表同情，也被他熱愛科學的精神所感動。一八一三年二月，皇家研究院空出一個助手職位，戴維立即推薦了法拉第。皇家研究院的文件上保留著這樣的記載：「根據戴維爵士的觀察，這個人能夠勝任工作，他的習慣很好，上進心強，舉止和藹，十分聰明。」

一八一三年十月，戴維應邀到歐洲大陸進行學術考察，法拉第作為助手和僕人跟隨前往。這次考察歷時十八個月，遊歷

了法國、義大利和瑞士，戴維會
見了當時很多著名科學家，參觀
了他們的實驗室，就科學各個領
域的許多問題展開了交流。法
拉第詳細記錄了戴維在各
地講學的內容，如饑似渴
地吸收各種新知識；他
還瞭解了各國科學家的
研究工作和實驗方法，開
闊了眼界，開始觸及到了科
學研究最前沿領域的許多問
題。這十八個月的考察活動，可
以說是法拉第的一次難得的
「留學」經歷。

●法拉第●

一八一五年四月回到倫敦後，在戴維的指導和鼓勵下，法
拉第開始了獨立的研究工作，一八一六年他就發表了第一篇化
學論文。到一八一九年，法拉第已經發表了三十七篇論文，成
為了一位小有名氣的化學家。

在化學家心目中，法拉第是一位卓越的實驗家。他曾經比
較早地冶煉出不銹鋼——鎳鋼和鉻鋼。他也是最早研究氣體液
化的科學家，一八二三年，他成功地獲得了液態氯。苯的發
現，對有機化學和化學工業的發展都具有重要的意義，第一個
分離出苯的就是法拉第。法拉第在化學上的最大成就是發現了
電解定律，這個定律現在稱為法拉第定律。

一八二〇年奧斯特發現電流磁效應後，電學和磁學很快成
為一個活躍的科學研究新領域，法拉第在十九世紀電磁學的發

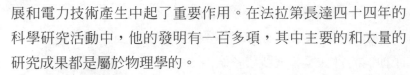

展和電力技術產生中起了重要作用。在法拉第長達四十四年的科學研究活動中,他的發明有一百多項,其中主要的和大量的研究成果都是屬於物理學的。

一八二一年,法拉第成功地實現了導線繞磁極的轉動實驗。他在玻璃缸內裝上水銀,缸中間固定一根磁棒,導線經過一個木塞,可以自由地在水銀面上飄動。當導線通電時,導線就受到磁棒的作用力,導線帶著木塞繞磁棒轉動。法拉第的實驗證明了電磁力確實是一種旋轉力,法拉第實際上製成了世界上第一台原理性實驗電動機。

一八二二年,法拉第開始探索由磁產生電的途徑,十年後,法拉第獲得了第一個電磁感應的實驗現象。電磁感應的發現和研究是法拉第最重要的電磁學實驗發現。根據這個發現法拉第設計製作了發電機模型。

法拉第在電磁學領域還有多項實驗研究和重要發現,他研究過介質對電作用的影響、發現了靜電屏蔽、物質在磁場中的磁化現象、磁場對光的影響等許多問題,並都取得了成果。

在研究電磁相互作用時,法拉第還提出了「電場」和「磁場」的重要物理概念。

一八二○年九月到一八六二年三月,法拉第所從事的研究工作都有詳細的記錄,他把這些記錄遺贈給了他工作了五十年的皇家研究院,經後人整理出版,共有三千多頁,這就是著名的《法拉第日記》,他的重要發現都可以在其中找到。此外,法拉第所發表的電磁學論文,彙成三千多節組成的三卷本巨著《電學的實驗研究》,這部著作中彙集了他的精巧實驗、形象描述和對物理學的深刻理解。

英國物理學家麥克斯威爾曾經讚揚法拉第說:「法拉第既

告訴我們他的成功的實驗，也告訴我們他的不成功的實驗；既告訴我們他的粗糙的想法，也告訴我們那些成熟的想法。在歸納能力方面遠不及他的讀者，感到的共鳴甚至多於敬佩，並且會引起這樣一種信念：如果自己有這樣的機會，那麼也將成為一個發現者。」

像戴維一樣，法拉第也熱心科學演講。一八二五年，他創辦了皇家研究院星期五晚間討論會，這個討論會後來成為維多利亞時代最富盛名的科學討論會，討論會最受歡迎的還是法拉第本人的演講，到一八六二年退休，他主講了一百多次星期五討論會。

為了讓更多的兒童瞭解科學，一八二六年，法拉第創辦了「耶誕節青少年講座」。一八六○年，六十九歲的法拉第以「蠟燭的故事」為題，為少年兒童舉辦了六次講座。他從蠟燭的製造講起，圍繞蠟燭燃燒時經歷的化學過程，詳盡地闡述了氫、氧、氮、水、空氣、碳、二氧化碳等日常生活中無處不在的物質。他用最簡單的設備演示一些生動具體的實驗，讓小聽眾為科學所吸引、歡笑和興奮。

法拉第的這六次講座被認真地記錄和整理出來，後來以《蠟燭的故事》為名出版。這本書成為傳世的科普著作，被翻譯為許多種語言，其中包括中文。

一八二四年，法拉第被選為英國皇家學會會員，一八二五年任皇家研究院實驗室主任，一八三三年升為教授。他在實驗室工作了近五十年，在電磁學、光學和化學等領域裏都作出了許多極為重要的貢獻，曾兩次獲得英國皇家學會的獎章。法拉第為人和藹、文雅、謙虛而自尊，一生過著簡單而樸素的生活。

法拉第一生不為名利，獻身科學。一八二五年，法拉第參

與了冶煉不銹鋼材和研製折光性能良好的重冕玻璃的工作。不少公司和廠家都願以重金聘請法拉第擔任他們的技術顧問，但是把全部身心都獻給科學研究事業的法拉第謝絕了這些聘請，全力投入研究工作。一八五一年，法拉第被一致選舉為英國皇家學會的會長，但他堅決辭掉了這一職務。

法拉第的學生和朋友、曾經和他一起在皇家研究院工作過的同事丁鐸爾（John Tyndall, 1820-1893）在他的著作中寫道：「這位鐵匠的兒子，訂書商的學徒，他的一生一方面可以得到十五萬鎊的財富，一方面是完全沒有報酬的學問，要在這兩者之間作出選擇，結果他選擇了後者，終生過著貧困的日子。然而這卻使英國的科學聲譽比各國都高，獲得了接近四十年的光榮。」

一八六七年八月二十五日，像平時一樣，滿頭白髮的法拉第坐在書房的椅子上睡著了，從此就再也沒有醒來。

5.5 發明家愛迪生

現代生活中使用的很多電器的發明都與愛迪生（Thomas Edison）的名字聯繫在一起。愛迪生是美國著名發明家和企業家。關於愛迪生的童年有各種各樣的故事。有人說，他很好奇，經常異想天開，曾打算像母雞一樣用自己的身體孵出小雞來；也有人說，他曾放火燒了自己家的倉房，而被父親痛打了一頓。其實，愛迪生的青少年時期和同時代的其他人十分相似，只是他比別的孩子更好奇，有一種將別人告訴他的事付諸試驗的本能，以及兩倍於他人的精力和創造精神。

愛迪生在學校學習的時間很短，後來，在當鄉村教師的母

親輔導下，他進行了廣泛的閱讀。幼年的愛迪生十分喜歡化學，十歲左右，他就開始根據書中的描述進行化學試驗。

十二歲那年，從休倫港到底特律的火車開通了，愛迪生說服母親，在早班列車上當上了一名報童。十五歲是愛迪生的生活發生永久性轉變的一年。一天清晨，當一列火車正要駛臨之際，冒著生命危險，愛迪生從鐵軌上救起一個正在玩耍的小男孩。孩子的父親——站長馬肯茲先生為了表達感激之情，提出願意教愛迪生學習電報原理。愛迪生勤學苦練，發報技術很快就超越了師傅。一年後，經馬肯茲介紹，愛迪生得到了一份電報員的工作。從這時起，愛迪生便與神秘的電的世界結下了不解之緣，也因此而踏上了科學的征途。

作為報務員的愛迪生曾接收過國會例會的投票消息，他注意到登記議員們的口頭表決程序非常煩瑣。一八六八年，愛迪生和他的助手造出了一台投票記錄機，可以自動記錄投票結果。但是，在申請專利時卻遭到了駁回，理由是官員們對此不感興趣。雖然這項發明沒有給愛迪生帶來任何經濟效益，但是它使人們知道了發明家愛迪生的名字。此外，它還使愛迪生明白了一個道理：任何發明都應該基於人們的普遍需要之上。

很快，愛迪生轉向二重發報機的研製。

●愛迪生●

按照愛迪生的設想，二重發報機可以同時在一條線路上發送兩份以上的電文，能夠大大節約時間。愛迪生的設想得到好友亞當斯的理解和支持。他對愛迪生說：「你這個發明要成功的話，無異於鐵路線上鋪上了雙軌，一條線變成了兩條線。」

一八六九年，太平洋電報公司對愛迪生的二重發報機方案產生了興趣，借給他八百美元來使設備的最後部分更加完善。熬過許多不眠之夜，經歷了無數失敗之後，一架嶄新的二重發報機出現在眼前。二重發報機的發明，成為電報發展史上的一件大事。當地報紙立即用重要的版面刊登了這則消息。這架機器在日後為愛迪生贏得了榮譽和金錢。

一八七四年，愛迪生又研製出四通路電報機。它不但可以同時傳送幾種電文，而且還可以在紐約、波士頓和費城之間雙向拍發電文。愛迪生說：「我的四通路系統中的每一英里電線都相當於以前四英里電線的功用。使用這種四通路系統總體就等於省去了價值一千零八十萬美元的二十一萬六千英里長的線路。而且這些省去的線路無須進行檢修。假如按以往每年每英里四美元檢修費計算，每年大約節省八十六萬四千美元。此外，還省去了借貸一千零八十萬美元建造基金所要償付的利息。」

一八七六年是一個創造性時代的開始，愛迪生投資兩萬美元在美國新澤西州的「門羅公園」興建了一個實驗室。他的到來不僅為門羅帶來了生機與活力，也使這個默默無聞的小地方變得聲名遠揚。一八七七年，留聲機在愛迪生的實驗室誕生了。這項發明引起了廣泛的關注，從小孩到老人，無一不對這架會說話的機器感到驚奇不已。一八七八年，愛迪生乘車到華盛頓，為國家科學院演示留聲機。海斯總統也觀看了愛迪生的表演。

電力應用於家庭照明是電力技術革命的一個重要方面。在這方面愛迪生付出了大量心血。從理論上講，製造電燈並不困難，只需把一根細燈絲封在玻璃容器裏，抽掉空氣，即可以透過電流讓燈絲發出白熾光。然而實踐起來卻並不容易，不是燒斷燈絲，就是發生破裂、冒煙。愛迪生這樣描述過研製燈泡的過程：「我們用的燈絲，幾乎細得不能再細，其加熱的程度，也達到了難以理解的水平。但是，燈絲處於真空之中，其狀況我們一無所知。對它的觀察，單憑肉眼根本行不通，所以燈泡裏發生的現象，你根本就不知道是怎麼回事。我在電燈方面建立了三千種不同的理論，每種理論似乎都可能化為現實。可是，我在試驗中只證實其中的兩種行得通。這麼說，並不是言過其實。」

　　一八七九年，在經過了六千多次失敗的嘗試後，愛迪生完成了實用白熾燈的發明。這種燈是把碳絲安裝在真空的玻璃燈泡內，壽命約四十五小時，每個一點二五美元。愛迪生還設計了電燈的底座、室內的佈線、街道的地下電纜系統、測量電量用的儀錶，以及發電機等電力的成套設備。一八八一年，在巴黎博覽會上，愛迪生把蒸汽機與發電機連接起來，同時點亮一千盞電燈。愛迪生的發明震驚了世界，為人類迎來了沒有黑暗的新時代。

　　愛迪生一生作出了許多發明，取得了兩千多項專利。人們容易把這歸結為他的天才。但是愛迪生說過，天才就是百分之九十九的汗水加百分之一的靈感。

　　愛迪生曾經說過：「失敗也是我所需要的，它和成功一樣有價值。只有在我知道一切做不好的方法以後，我才知道做好一件工作的方法是什麼。不斷地尋找自然的秘密，利用它來造

福人類，一切都當朝光明一面邁進。」

愛迪生創辦的工業實驗室被人們讚譽為他的發明中的最大的發明。愛迪生的實驗室擁有各種專門人才，包括科學家、數學家、工程師、技術人員、技術工人等，從事應用研究和發展工作，實驗室擁有各種必須的研究設備、加工車間、圖書館、生產後勤，並擁有充足的研究資金。在愛迪生的出色組織下，實驗室發揮集體的力量共同致力於任何一項的發明。到一九一〇年，該實驗室獲得了白熾燈、電影、留聲機等一三二八項專利，平均每十一天取得一項。由於成效顯著，愛迪生的實驗室被譽為「發明工廠」。這個實驗室後來成為美國通用電器公司的研究所。

愛迪生創辦的實驗室是第一個有組織的進行工業研究的實驗室。工業研究實驗室的建立有三個條件：一是科學自身的發展證明它對經濟發展有直接的促進作用；二是私人實驗室的出現證明了實驗室研究和工業發展有密不可分的關係；三是大公司的出現為工業實驗室提供了財政基礎。

愛迪生實驗室的高效率引起了廣泛注意，其他大公司開始仿效愛迪生的做法，從而開創了工業研究的新時代。例如，一八八九年，貝爾創辦了著名的「貝爾電話實驗室」。到第一次世界大戰前夕，美國的工業實驗室已發展到三百多個，在工業實驗室工作的研究人員已經達到兩萬多人。

工業實驗室的創立促進了實驗室科學技術研究成果向工業生產的轉移，縮短了科研成果轉化為生產力的周期。科技與經濟的結合是美國經濟迅速發展的成功經驗之一。

What
Is
Physics?

6.微型的王國與高速的世界

在二十世紀來臨之際，宏偉的物理學大廈矗立在世人面前，物理學家當然是興高采烈的。對於將來的物理學發展，著名的英國物理學家開爾文勛爵（Lord Kelvin）認為，未來的物理學家只需做一些修補工作，如把光速值、萬有引力常數等資料測得更精確一些，僅此而已。似乎以牛頓力學為基礎建立起的科學體系——熱力學和電磁場理論——已使對自然的探索走到了盡頭。

6.1 兩朵令人不安的「烏雲」

開爾文勛爵在這「盡善盡美」的科學體系之前，儘管稱讚不已，但他仍看到了一些不和諧的東西，這就是被他稱為物理學晴空中的兩朵小小的、但卻是令人不安的「烏雲」。

這兩朵「烏雲」指的是什麼呢？這是當時物理學中的兩個尚難以解釋的實驗。一個是研究物體輻射性質的「黑體輻射」實驗，一個是為搜尋「乙太理論」的邁克耳遜－莫雷實驗。

我們知道，熱傳遞中有一種方式是輻射。當我們隔著爐體，雖然看不到火苗，但不可見的輻射仍擴散著熱，使我們感覺到輻射的存在。在加熱一個物體後，它可能會放出光亮；當物體溫度變化，光亮的顏色也會隨著變化。有經驗的工匠雖然憑著物體的光色可以判斷其溫度的高低，但這物體的熱輻射遵從著什麼規律呢？是遵從（熱）力學規律，還是遵從電磁學規律呢？到十九世紀下半葉，物理學家想搞清楚這個問題。為了選取一個標準的輻射物體，物理學家選擇「黑體」做標準。

所謂「黑體」就是黑色的物體，它對光和熱吸收得多、反

What Is Physics?

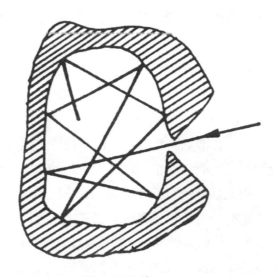

圖 6-1　黑體

射得少，將它加熱到高溫就比較容易。此外，在同樣溫度下，
一般物體與黑體相比，其吸收輻射的能力要弱得多。由於黑體
要做標準，這就要設計出一種「理想」的黑體，為此科學家製
作了一個特殊的空腔體，其內塗抹上黑黑的煤煙。整個腔體只
有一個小口，輻射線幾乎是只能進去、不能出來。這樣就像黑
色物體，可將進入空腔的能量被全部吸收。

　　由於物理學是一門精確科學，人們理應找出黑體輻射的規
律，以說明實驗得到的結果。當時，德國物理學家維恩
（Wilhelm Wlen）和英國物理學家瑞利勛爵（Lord Rayleigh）分
別找到各自的公式：維恩公式和瑞利公式。將這兩個公式與實
際輻射的情況進行對比時，人們發現，維恩公式只能說明輻射
的高頻情況（藍光、紫光、紫外線等），不能說明輻射的低頻情
況（黃光、紅光、紅外線等）。瑞利公式與輻射的低頻情況符合
得很好，但到高頻情況，利用公式得到的計算值就大得已接近

無限大了，數學上稱「發散」。因為這種「發散現象」出現在紫外線或比紫外線還要高的頻率上，物理學上就稱作「紫外發散困難」，或乾脆稱作「紫外災難」。這「紫外災變」被開爾文勛爵戲稱為一朵「烏雲」。

「乙太理論」是一個古老的概念，在古典物理學的發展中，人們用乙太充當傳遞萬有引力的媒介物質，但是它沒有質量。儘管最初對乙太的作用產生過很大的爭論，由於牛頓對乙太的默許，人們大都接受了乙太理論。當法拉第和麥克斯威爾建立電磁場理論時，他們也自然地想到乙太，借助乙太傳遞電磁作用，並用乙太構成電磁場。當赫茲（Heinrich R. Hertz）證明麥克斯威爾的電磁波預言之後，人們更加相信乙太的存在了。不僅電磁波的傳播需要乙太，光在真空中傳播也需要乙太。這樣，乙太一物就身兼「三職」：傳遞引力作用、傳遞電磁作用、傳播光。

儘管乙太有如此的「神通」，但人們並沒有乙太存在的證據。那為什麼不做實驗來檢驗一下呢？但在十八世紀和十九世紀上半葉，實驗技術還做不到。

也是機緣湊巧。在一八八四年，開爾文勛爵和瑞利勛爵到美國巡迴講演，在美國各地做了一些學術報告，其中講到檢驗乙太的設想。他們認為，如果宇宙間存在乙太的話，當地球繞日穿行在乙太中，應該能感到一股輕微的「乙太風」。由於它太輕微了，要從實驗上測出這股「風」可不是一件容易的事啊！

在聽眾中，有一位年輕的物理學家，名叫邁克耳遜。他雖不是大物理學家，但在測量光速上已小有名氣。一八八七年，邁克耳遜設計了一個精巧的光學實驗，以測量這股「乙太風」產生的光學效應。

在化學家莫雷的協助下，他們借助干涉儀測量「乙太風」。這具干涉儀的測量精度非常高，甚至可以測出植物在一秒鐘內的生長量，也就是說可測量的精度達到一根頭髮直徑的幾千分之一。

儘管他們進行了精心的準備，叵測量的結果卻是令人失望的。人們預期的「乙太風」效應未見分毫，這也很令人迷惑！而這也正是開爾文勛爵所說的另一朵「烏雲」，它同樣是令人不安的！

這樣的兩朵烏雲，似乎沒有什麼了不起的，因此開爾文勛爵認為，這兩朵烏雲雖是小小的，但還是「令人不安的」，因為它究竟是凶兆還是吉兆，一時還難下斷言啊！

今天我們看到，也正是這兩朵烏雲，它們敲開了二十世紀物理學的大門！

6.2 打開量子的大門

從維恩的研究和瑞利的推導來看，他們只是部分地符合實驗曲線，兩個公式的衝突也是明顯的。也許正是這衝突引起人們的注意，因此一位德國物理學家這樣評價維恩：「他的不朽業績在於引導我們找到了量子物理學的大門。」

●卜朗克●

當人們正在這座大門口徘徊時，要想打開這扇大門還不是一件易事，因爲開門的「咒語」誰也不知道。這時德國物理學家馬克斯·卜朗克卻爲陷入困境的黑體輻射研究找到了一條出路。他似乎是在什麼地方「偷聽」到「芝麻開門」的咒語。

像多數研究者一樣，人們從維恩和瑞利的公式中無法找到問題，卜朗克也是這樣。但他並不放棄進行新的嘗試。在一九○○年十月的一天，卜朗克突發奇想，他根據實驗資料和反覆推導後積累的經驗，「拼湊」出了一個公式。他將實驗資料代入公式後發現，維恩公式和瑞利公式的「災變」都不見了。根據新公式畫出的曲線與實驗曲線非常吻合。令人難以置信的是，卜朗克「拼湊」的這個公式竟是如此美妙！

卜朗克很快向德國物理學會報告了他的公式，但公式中所包含的物理意義是什麼呢？卜朗克是無法回答的。下一步的研究就是爲公式提出合理的解釋。

卜朗克以公式爲出發點，他反方向推導，找到了與頻率有關的初始能量，並且奇怪的是這個初始能量值不是連續的。在表示這個能量值時，他提出了一個「無奈」的假設。黑體輻射能量是一份一份地向外輻射的，這一份一份的能量就叫做「能量子」，他的假設就叫做「能量子」假設，或量子假設。

卜朗克的量子假設是與傳統的認識相矛盾的。過去人們見到各種熱現象，能量的傳遞是連續的，不是一份一份地傳遞的。如飛瀉的瀑布，水流下來是連續的，誰也沒有見過一段一段地流下。這時，卜朗克的心情是很矛盾的。一方面，自己的量子化假設與傳統的物理觀念是那樣的不相容；另一方面，它與實驗曲線又是符合得那樣好。量子的假設是不會錯的啊！

一天他帶著六歲的兒子到郊外散步，他對著兒子喃喃地講

道：如果世界真像他想的那樣，那麼，他的發現就會與牛頓的發現一樣重要。為此，在一九○○年十二月十四日的物理學會會議上，卜朗克大膽地宣布了他的量子化假設，借此重新論證了他的輻射公式。

　　卜朗克的發現具有劃時代的意義，人們就將一九○○年十二月十四日做為量子物理學的誕生日。到二十世紀三○年代，卜朗克在科學界的聲望僅次於愛因斯坦，當時的德國威廉皇帝科學學會也更名為馬克斯·卜朗克科學學會，由卜朗克任主席。

6.3 不平凡的一九○五年

　　愛因斯坦大學畢業之後，沒有找到工作，曾當過代課教師，後來才被聘為瑞士專利局的工程師。在專利局工作之後，由於有了穩定的收入，愛因斯坦把許多精力放在物理學研究上。愛因斯坦的興趣廣泛，所以他的研究也是多方面的，而且是多學科齊頭並進地研究。這多股研究的溪流在一九○五年終於彙集在一起，形成了一股江流。

　　首先，愛因斯坦完成了有關光電效應的文章。所謂光電效應是把光線（如紫外線）照射到某種金屬上，在金屬表面會產生電子流。在這篇文章中，愛因斯坦提出了光量子（也叫光子）的假設。在量子理論的早期發展中，愛因斯坦的光子理論占有重要的地位。後來，他還因此於一九二一年獲得諾貝爾物理學獎。不過對於光電效應的驗證是很困難的。這是專愛做高難度實驗的美國物理學家密立根（Robert Andrews Millikan）花了十

年的時間才完成的。本來密立根是想透過實驗來「消滅」光量子假設的，可是沒有想到，他證明了愛因斯坦的理論。

其次，愛因斯坦找到了有關測量分子大小的新方法，並寫出有關布朗運動（Brownian movement）的文章，為統計力學的發展做出了重要貢獻。所謂布朗（R. Brown）運動是布朗於一八二七年用顯微鏡觀察浸在水中的花粉時，發現花粉顆粒在不停地運動，花粉顆粒運動的路徑是不規則的，像是一群醉漢在跳舞，看上去花粉好像在做一種「有意識」的運動。由於他無法解釋這種現象，布朗一直未公布這種現象。直到他去世後，這份在他的文稿堆中躺了近四十年的實驗報告才被人們發現。在研究之後，一些人認為，花粉的運動是由於分子的運動引起的。也有人反對這種解釋，認為原子和分子是不存在的，用分子理論解釋布朗運動是錯誤的。愛因斯坦是主張分子理論的，他經過論證，認為布朗運動是分子運動的結果。三年後，法國科學家佩蘭（Jean Baptiste Perrin）用實驗證實了愛因斯坦的解釋。由於實驗的成功，佩蘭獲得了一九二六年的諾貝爾物理學獎。

當然，一九○五年的故事還沒有完，後面還要提及。

6.4 「偉大的三部曲」

一九一一年，英籍新西蘭物理學家拉塞福（Ernest Rutherford）提出了著名的原子結構的核式模型。但這個模型也有一定的缺陷——這樣的原子是不穩定的：當電子圍繞原子核旋轉時，它會產生光輻射，同時要消耗著自己的能量；由於電

What Is Physics?

子的能量不斷降低、電子軌道的半徑會不斷縮小，以至最後落到原子核上，使整個原子造成坍塌。

問題出在什麼地方呢？正在拉塞福感到困惑時，一位丹麥的訪問學者來到他的實驗室工作。這就是年輕的物理學家尼科爾斯·玻耳。

玻耳對拉塞福的原子模型很有興趣，並在研究中表現出特別的才能，儘管玻耳很年輕，但在研究中他很快就成了小組的核心人物。玻耳認識到，爲了解決原子的穩定性問題，必須要對舊的理論進行改造，而引入量子假設則是必須的。這樣，在卜朗克和愛因斯坦之後，玻耳是第三個對量子理論的發展做出重要貢獻的物理學家。

玻耳出生在一個知識分子的家庭。在上中學時，父親就注意引導他和弟弟哈若德·玻耳在自然科學上的興趣。除了在學業上努力上進之外，哥倆兒還對體育運動有一些愛好，並表現出了一定的天賦，他們尤其喜歡足球，弟弟還代表丹麥參加過國際比賽。

怎樣將量子假設引入原子理論中呢？玻耳一直在思索著。這時，有一位朋友來找玻耳，並向他介紹了氫光譜中的巴耳末公式。巴耳末是瑞士的一名中學數學教師，他從氫光譜

● 玻耳 ●

中總結出第一個與頻率有關的公式。

玻耳在事後回憶時說道：「當我看到巴耳末公式時，一切都豁然開朗了。」這樣，玻耳開始將原子的核式模型、光譜學與量子假設有機地構成了一個新的理論。玻耳假設，在原子核之外有許多可能的、但不是任意的軌道，處在某一軌道的電子可以跳到另一軌道，這樣的過程叫「躍遷」。當電子處在某一軌道環繞時，並不會跌入核中。如果電子從較高能態的軌道躍遷到較低能態的軌道時，它可以輻射可見光或不可見光，但輻射的能量恰爲一個量子的能量。如果電子處在較低能態的軌道上，它不會自動地躍遷到較高的軌道上，除非它接受了外界提供的能量。

當拉塞福收到玻耳的論文後，他發現，玻耳假設的電子似乎表明，電子事先就知道將要躍遷到某一特定的軌道上，這是難以理解的。爲此拉塞福寫給玻耳，告訴他自己的意見。令拉塞福感到意外的是，當玻耳收到拉塞福的信後，玻耳馬上乘船到了英國。針對拉塞福的意見，玻耳逐一解釋，直到拉塞福信服爲止。按說玻耳的脾氣是很溫和的，舉止也很斯文，但爲了捍衛自己的理論，玻耳竟是如此的堅定，這實在出乎拉塞福的意料。因此，儘管拉塞福覺得玻耳的論文還有不夠成熟的地方，他還是將論文推薦到雜誌社，並分爲三期發表。這就是著名的「三部曲」。

對玻耳的論文，不僅拉塞福覺得有問題，別的物理學家也有同感。其中有些人讀過後認爲，如果玻耳的理論被證明是正確的，他們就不搞物理了。當然也有的物理學家盛讚這一理論，像德國物理學家德拜（Peter Debye）和索末菲就很欣賞玻耳的原子模型，索末菲（Arnold Sommerfeld）認爲，這是一篇

具有歷史意義的傑作。愛因斯坦也對玻耳的理論表現出了很大的興致。

這的確是一項了不起的工作，大多數物理學工作者都力圖弄懂它和發展它。一九一四年，法蘭克（James Franck）和赫茲（Gustav Ludwig Hertz）就從實驗上「證明」了玻耳的理論，坡耳因此獲得了一九二二年的諾貝爾物理學獎，而法蘭克和赫茲也獲得了一九二五年的諾貝爾物理學獎。有趣的是，法蘭克與赫茲做出實驗後，他們對實驗結果並不理解，特別是對玻耳的理論不甚瞭解，他們還以為與玻耳理論不相符合。一九一五年，玻耳自己親自研究才解釋了法蘭克二人的實驗結果，而法蘭克和赫茲直到一九一九年才真正弄懂玻耳的理論，並同意玻耳的解釋，至此才表示接受新的原子理論。法蘭克在接受諾貝爾獎時表達了這樣的心情：「為了從歷史上闡述在這一科學研究的發展中，我們所做的這部分工作，即用電子碰撞方法明確了向原子傳遞的能量是量子化的，我占用了大家的時間，敘述了許多錯誤，以及我們在一個科學領域中所走的彎路，儘管玻耳已為這個領域開闢了一條筆直的通途。後來我們認識到了玻耳理論的指導意義，一切困難才迎刃而解。我們清楚地知道，我們的工作所以會獲得廣泛的承認，是由於它和卜朗克、特別是和玻耳的偉大思想和概念有了聯繫。」

由於玻耳在學術上常常表現出深刻的見解和不尋常的睿智，以及他那謙和誠懇的品質，人們都將玻耳看成是學術發展上的領頭人。最有感觸的還是法蘭克。他說，有時甚至在一種很新的細節問題上，他自以為有所發現，當得意地與玻耳一談時，才發現玻耳早就清楚了。這給法蘭克留下很深的印象。直到他在晚年時還常常對玻耳表現出一種「英雄崇拜」的心情。

6.5 粒子也是波

說到波，我們是非常熟悉的，如我們的耳朵接收到聲波，我們的眼睛接收到光波，以及我們看到的水波。後來還證實電磁波是不可見的、波長極短的波，光波是電磁波的一部分。然而，由於愛因斯坦發現，光不僅是光粒子，而且還具有波動的性質，因此光既是粒子又是波，爲此將光稱作光量子。

在玻耳的原子模型中，核外電子並不是隨意排布的，它們處在一些特定的軌道上。然而這種量子化的軌道是什麼意思呢？爲此，法國科學家德布洛意（Prince Lows-Victor de Broglie）進行了深入的思索。

德布洛意是法國王室的後裔，在獲得巴黎大學文學士學位之後，三年後又獲得了理學士學位。也就是說，他從歷史學的專業轉到了物理學。由於他的哥哥是研究X射線的專家，德布洛意在學習理論物理學時就經常向他的哥哥請教。德布洛意尤其對卜朗克、愛因斯坦和玻耳的理論感興趣，爲此兄弟倆經常一起研究黑體輻射和量子理論的問題。

德布洛意注意到光量子的特點，即光同時具有粒子和波動的性質，這就是光的波粒二象性。同時他還注意到一般的物質粒子（如電子）除了具有粒子的性質，也應該具有

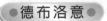

●德布洛意●

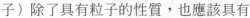

波動的性質。就像光具有波粒二象性，
物質粒子也應該具有波粒二
象性。對此許多人是持懷疑
態度的。不過德布洛意非常
自信，他還用這一研究結果
來申請博士學位。

＊海森堡＊

　　當時主持博士論文
答辯的教授向德布洛意
提問，如果你說的波粒二象
性是確實的，那應在實驗上能
不觀測到物質粒了的波動圖像，可怎
樣做這樣的實驗呢？德布洛意當即回答
到，當電子透過一個小孔之後，就可以
在像屏上觀察到波動的圖像。許多人認爲德布洛意說的有點兒
玄，一般人對這樣的實驗是不感興趣的。但愛因斯坦卻稱讚德
布洛意的貢獻，說「大幕的一角被德布洛意揭開了」！

　　一年後，美國貝爾電話實驗室的兩位名叫戴維森（Clinton
Joseph Davisson）和革末（Germer）的科學家在實驗中觀測到電
子的波動圖像。有趣的是，他們還以爲實驗出了問題，這時他
們還不知道德布洛意的觀點。又過了一年，戴維森到英國去省
親，順便到牛津參加一個學術會議。在會上，他那「失敗」的
實驗竟受到一些科學家的重視，並被當作電子波動性的證據，
這使他受到很大的鼓舞。在回美國的船上，戴維森就開始認眞
地讀起德布洛意的論文，一到實驗室，他就與革末忙起了實
驗。不久之後，德布洛意因此被授予了一九二九年度的諾貝爾
物理學獎。

與此同時，英國物理學家喬治·湯姆生（George Paget Thomson）也發表了他的實驗結果，雖比戴維森的論文晚了兩個月，但他的實驗證明他們所觀測到的圖像是電子圖像，不是 X 射線的圖像。這就彌補了戴維森實驗的不足。由於他們的驗證工作，戴維森和喬治·湯姆生一起獲得了一九三七年度的諾貝爾物理學獎。

6.6 建造量子大廈

玻耳的原子理論成功地解釋了氫的光譜，但是他將傳統的理論與卜朗克的量子概念相結合，也帶來了一些問題。例如，我們所能觀察到原子的光譜線，這包括它的頻率和強度，而玻耳理論中講的是在實驗上看不到的電子軌道。為此，一些年輕的物理學家決定對玻耳的原子理論進行改進。

對於玻耳理論中的問題，年輕的德國物理學家海森堡（Werner Heisenberg）十分清楚，並且開始考慮放棄電子軌道的物理圖像。二十世紀二〇年代中期，海森堡到玻耳的研究所做講師，負責給研究生講課。這時海森堡與玻耳有機會經常在一起討論量子力學的問題，並且一起促進了量子力學早期的發展。

一九二五年初夏，海森堡得了一種怪病──枯草熱，這是一種花粉過敏症。整個臉都腫了起來，為此他到北海的一座荒島上進行休養。由於要思考量子力學的問題，他很緊張，以致難以入眠。空閒時多去爬山，或背誦歌德的詩句。在幾天的休養中，模糊的想法都澄清了。海森堡將自己的想法與另一位年

輕的物理學家鮑利（Wolfgang Pauli）做了交換，並且得到鮑利的極大鼓勵。又過了十幾天，海森堡將論文完成，交給老帥坡恩（Max Born），玻恩將這量子力學的第一篇論文交給《物理學報》發表，同時想在數學上做進一步的論證。大約在此時，他碰到了一個數學學得很好的學生，名叫約爾丹（E. P. Jordan）。玻恩與約爾丹合作完成了數學上的完善工作，並發表了第二篇量子力學的論文。接著海森堡、玻恩和約爾丹又合作完成了第三篇論文，這篇論文包含了量子力學幾乎所有的觀點。這樣，這三篇論文的完成標誌著量子力學體系的建立。由於在他們的文章引入了一種新的數學工具——矩陣代數，他們便將新的量子力學理論叫做矩陣力學。

玻恩最初是學天文學的，後來改學物理學，是最早接受相對論的科學家之一。他與愛因斯坦保持了終生的友誼，但在量子力學問題上，二人各自保持著不同的觀點，並一直為此而爭論。直到今天，玻恩在量子力學中的解釋仍是「正統的」。他的這些研究使他獲得了一九五四年諾貝爾物理學獎。

按照習慣，既然電子具有波動的性質，那麼能不能建立一個描述電子波動現象的方程式呢？奧地利物理學家薛丁格（E. Schrödinger）進行了這方面最早的嘗試。他認為，既然電子具有波動性，就應能建立起關於它的波動方程式。

薛丁格在第一次世界大戰後到德國任教。他瞭解到德布洛意的波動理論之後，認為可以建立一種波動方程式來修改玻耳的原子模型。他建立的波動理論為量子力學理論奠定了基礎。一九二六年，薛丁格發表了四篇文章，以介紹他建立的波動理論。透過求解波動方程式，可以求出一些分立值。這與玻耳假設的分立能量值是一樣的，但不是「隨意」假設的。由於薛丁

●薛丁格●

格的理論是以波動方程式為基礎的，所以就將薛丁格建立的量子理論叫做波動力學。

有趣的是，在薛丁格與海森堡之間發生了論爭。由於他們研究的出發點不同，並透過不同的思維過程，分別得到了不同的數學形式：波動方程式和矩陣方程式。因此人們對此產生了不同的看法。由於大家對矩陣不熟悉，而對波動理論很熟悉，許多人自然就傾向於波動力學。不過，這時年輕的英國科學家狄拉克（Paul Adrian Maurice Dirac）出來說話了，他從數學上證明，波動力學與矩陣力學是彼此相等的。

由於波動力學與矩陣力學只是形式上的不同，本質還都是一樣的，所以就將二者統一叫做量子力學。

6.7 湯普金斯的故事

一九〇五年，愛因斯坦還做了一件大事——建立狹義相對論。新理論是針對物體做高速運動時產生的新效應，這些效應在低速運動情況下是無法發現的。這說明牛頓的運動理論是有

局限的。儘管如此，愛因斯坦還是中肯地說道：「牛頓啊，請原諒我，你所發現的道路，在你那個時代，是一位具有最高思維能力和創造力的人所能發現的唯一的道路。」

在高速運動的世界中，我們會看到些什麼現象呢？為了普及狹義相對論的知識，著名的美籍蘇聯物理學家、科普作家伽莫夫（G. Gamow）寫了一本名著——《湯普金斯奇遇記》。在書中，伽莫夫講了一連串有趣的故事。

湯普金斯是一位銀行的職員，在聽有關狹義相對論的講座時，覺得這些知識很有趣，但不好懂。湯普金斯實在是打不起精神來，竟呼呼地大睡起來。

說來也很巧，湯普金斯闖進了一個奇妙的、很不同於我們的世界。從講座中湯普金斯已大致瞭解到，在我們生活的世界中，物體運動有一個極限速度——光速。除了極小粒子之外，一般的物體很難接近這個速度值。巧合的是，湯普金斯闖入的這個世界很不同於我們的世界，它的極限速度只有每小時五十公里。

湯普金斯初到這個城市，所看到的一切都沒有什麼異常。到了新地方，他習慣地對了一下手錶。

忽然一輛汽車飛馳而來，湯普金斯發現這汽車有些不合比例，顯得有些短；當汽車加速時，它就顯得更短些。司機看上去好像也有些「消瘦」。他要看個究竟，馬上坐上一輛小汽車，去追那輛汽車。這時他下意識地看了一下錶，指標恰好位於十二點。

在追蹤時，他看到了很多新鮮的現象。街道似乎變短了，商店的大玻璃窗好像很窄，人都「細高」，看不到胖人。他想到，這也許就是相對論中的「運動尺度縮短」的效應。

好奇心驅使他要問個究竟，他要追上那個司機，問問他對這些現象有什麼見解。在加速時，他又發現加速的努力並不十分有效。湯普金斯想，這是由於我的車速已接近這個世界的速度的極限了。後來在與那位司機並肩行駛時，他發現，那位司機並不「單薄」，是很健壯的。湯普金斯只得將他原來的「錯覺」歸結為相對論效應。

當他將小汽車開回到租車的地方時，他看街上的大鐘，已經十二點三十分了，可再看自己的錶時，發現只有十二點五分。他知道，這兩個表都沒有錯，這肯定又是相對論效應，即「運動時鐘變慢」的效應。

當湯普金斯從夢境中出來時，他覺得相對論效應並不難懂。特別是他到那個「虛擬」的世界走了一遭之後，他的印象就更深了。

What Is Physics?

7.五彩繽紛的粒子世界

到二十世紀三○年代，人們只知道有四種粒子，這就是電子、質子和光子，以及當時剛剛發現的中子。這些粒子的發現主要與原子結構的研究和電磁場的研究有關。一般來說，原子由原子核和核外的電子構成，而原子核又由質子和中子構成。光子是傳遞電磁力的一種「媒介」粒子，後來隨著粒子物理學的發展，人們又相繼發現了一些媒介粒子。

7.1 電子發現的歷程

●密立根●

電子是英國物理學家湯姆生（Joseph John Thomson）於一八九七年發現的。電子的發現打開了微觀世界的大門，揭開了二十世紀粒子物理學舞臺的序幕，而且為新興的電子科學技術奠定了基礎，像電子管中運動的粒子就是電子。通常，由於它叫「電子」，以為它只具有粒子的性質，而忽略了它更重要的一面，即電子的波動性。關於電子的波動性是在二十世紀二○年代被人們認識到的。因此電子同時具有粒子性和波動性的雙重性質。有趣的是，驗證電子波動性的是湯姆生的兒子喬治·湯姆生。

關於電子的粒子性研究，可以追溯到陰極射線的研究。湯姆生設計了一組巧妙的實驗，令人信服地證明陰極射線是一種帶負電的粒子，並且命名為電子。在這之前，一些科學家還以為陰極射線是一種電磁波。但是，作為一種粒子，它的質量是

多少呢？因為它太輕了，湯姆生還無法進行測量。但他測量了電子的電荷與質量之比（也叫做「荷質比」）。由此湯姆生推斷，假如電子的電荷與氫離子一樣，那電子質量尚不足氫離子質量的千分之一。

有了荷質比，雖然電子的質量還是無法測量，但可以測量電子的電荷，透過荷質比，再算出電子的質量。可是如何測量電子的電荷呢？這就要談到美國物理學家密立根了。

密立根上大學時主修的是希臘語，對物理學只是略感興趣。可是畢業時突然轉變了志向，他在中學教了幾年物理課就去攻讀物理的碩士學位，並對物理學表現出極大的興趣。當他獲得了碩士和博士學位後，他又去德國學習，回國後他被芝加哥大學聘為教授。

一九○六年，密立根開始了測定電子電荷的實驗。他的方法很巧妙。他先讓小水滴帶上電荷，並放在兩個帶電的平板之間，觀察小水滴的上下運動情況。但小水滴有一個很大的缺點，小水滴不到一分鐘就揮發了。後來他用油滴來代替水滴。

這個實驗的原理並不複雜。密立根控制兩塊金屬板之間的電壓，使油滴處於平衡狀態；再去掉兩塊金屬板的電壓，讓油滴只受到重力和空氣的阻力，測量油滴受到的阻力。比較這兩種情況，就可以得到油滴所帶的電荷。改變條件，重做這樣的實驗，又得到另一個電荷值。不管這樣的電荷值如何的不同，

●赫斯●

它們都是一個電子電荷的整數倍，經過簡單的計算，就可以得到電子的電荷值。

為了得到精確的值，密立根與他的學生先後測量了上千次，最終得到了精確的電子電荷數值。要指出的是，在這些學生中有一位名叫李耀邦的中國學生。李耀邦用的不是油滴，而是一種蟲膠固體微粒。李耀邦也因此獲得了博士學位。

由於密立根的貢獻，他獲得了一九二三年的諾貝爾物理獎。另外，在測量電荷時，密立根測到一個「誤差」很大的值。對此，密立根認為，這是一個沒有測量問題的數值，只不過它與平均值差得很多。不過密立根是一個具有誠實態度的科學家，他將這個數值寫進了論文之中，看上去「有問題」的數值也要認真地記錄下來。因此，每當我們在做實驗時都要記住，科學研究要誠實，不能記下虛假的資料。到此為止，人類基本上得到了電子的電荷和質量值了。

7.2 赫斯發現了宇宙線

最初，拉塞福發現，在空氣中有一些無法消除的放射線。後來有人做了進一步的研究，發現在幾十公尺、幾百公尺高的大氣中也存在這樣的射線。這時，一位奧地利青年很好奇，他要到高空去看個究竟。

這位青年的名字叫赫斯（Victor Franz Hess）。一九〇八年，他大學畢業後到維也納大學的鐳學研究所工作，並在此工作了十年。赫斯不僅是一位物理學家，他還是一位氣球飛行愛好者。赫斯剛到鐳學研究所時，他發現人們都注意空氣中的放射

現象。這自然也引起了赫斯的注意。

在航空俱樂部的協助下，赫斯製作了一些氣球，以便到高空去探測放射現象。一九一一年，赫斯開始探測。當氣球升到一千零七十公尺時，輻射強度與地面上的測量差不多。一九一二年，他的氣球可以升到五千三百五十公尺。從全程測量來看，在最初的上升過程中，輻射強度有所下降，到八百公尺的空中時略有上升；升到一千四百公尺以上時，其強度明顯高於地面的測量值；到五千公尺時，強度已高出地面好幾倍。赫斯注意到，無論是白天還是黑夜，他的測量結果都是一樣的，顯然這與太陽輻射無關。

赫斯的發現一方面確定了外空間輻射的存在，爲此開闢了一個廣闊的研究領域。另一方面，赫斯的行動也激起許多科學家的好奇，使他們投身到宇宙輻射的研究中去。有一位科學家還將氣球升到九千多公尺，他測量到的輻射強度爲地面值的五十倍。這支持了赫斯的猜想——隨著海拔高度的增加，輻射強度也增加。

由於赫斯的開創性研究，人們最初將這種輻射叫做「赫斯輻射」，但後來密立根起了一個更好的名字——「宇宙射線」，今天也簡稱爲「宇宙線」。有趣的是，密立根認爲，宇宙線發源於宇宙的邊緣，在這裏上帝不停地製造物質，宇宙線是物質「出生時的啼哭」。密立根的解釋不足信，但對於宇宙線的研究，密立根是充滿熱情的。他將儀器安裝在氣球上或飛機上進行測量，同時也將儀器沈入湖底測量宇宙線。

赫斯的發現很重要，人們從宇宙線獲得了許多天體物理學的研究材料。在粒子物理學的早期研究中，宇宙線也發揮了重要的作用。宇宙線的研究還對人類生存環境有了更深的認識，

尤其對長時間停留在外太空的太空人就更有意義了；同時太空人在外太空的活動中，宇宙線研究也是他們的研究項目之一。

7.3 安德森的發現

大約就在赫斯發現宇宙線的同時，J. J. 湯姆生的學生威爾遜（C. T. R. Wilson）發明了一種研究粒子的重要裝置——雲室。他研究這種雲室就花了十餘年的時間，在一九一一年獲得了成功。所謂「雲室」就是一種充滿蒸汽的容器。由於蒸汽是飽和的，當微小的帶電粒子穿入這充滿蒸汽的雲室時，在這些粒子周圍會聚集起一群細小的液珠，並在粒子徑跡上形成一串氣泡串兒。這也就顯示出粒子的徑跡了。

●安德森●

一九三〇年，密立根的學生安德森（Carl David Anderson）開始在密立根的指導下研究宇宙線。與別人的研究不同的是，安德森在他的研究中應用了雲室技術。

在研究時，安德森先設計了一塊鉛板，用以隔開雲室。這塊鉛板並不能阻止宇宙線，但可使宇宙線中的粒子速度放慢。這放慢速度的粒子被引入磁場中，它們在磁場中發生了明顯的彎曲（如果沒有鉛板作用，宇宙線中的粒子速度太大，它幾乎不會被彎曲）。

一九三二年，安德森在雲室中發現，

有一種粒子的行為很像是飛奔的電子，但是彎曲的方向與電子正相反。這與小居里夫婦的發現很相似，這是安德森在研究宇宙線時發現的。怎樣解釋這種現象呢？安德森認為，這很可能是一種帶正電的「電子」，它與電子只是帶的電荷相反，別的都一樣。看樣子，這是一個極其「普通」的發現。

其實不然，這正是英國物理學家狄拉克研究量子力學時發現，有一種具有負能量的電子，即電了的「孿生兄弟」——「反電子」。

「反電子」的名稱易命名，但它的身分是否能得到確證則是另一回事。誰知道，只幾年後，年輕的安德森就在實驗中偶然地從宇宙線中發現了它。不過安德森並不知道狄拉克的研究結果。他要為自己發現的粒子起個名字。與狄拉克的想法不一樣，因為新粒子帶正電，那就叫它「正電了」吧！結果，大家都叫這種粒子為「正電子」，「反電子」的名字就被人們遺忘了。

由於赫斯和安德森的發現，他們獲得了一九三六年的諾貝爾物理獎。

在安德森發現正電子後，小居里夫婦才認真地觀察到，在他們的實驗中，從放射源發射出了正負電子對。兩月後，他們又找到了單個的正電子。當然，這不是在宇宙線中找到的。

7.4 中子的發現

一九○六年四月皮埃爾·居里（Pierre Curie）死於一次車禍。居里的死不僅使居里夫婦所投身的科學事業遭受到極大的損失，而且也破壞了他們美滿的家庭生活。儘管居里夫人

●居里夫婦●

（Marie Curie）在精神上受到巨大的打擊，但她還是很快從苦痛中解脫出來了。在工作上，居里夫人承接了居里的教學與研究工作；在生活上，她還獨立承擔了養育兩個女兒的責任。第一次世界大戰後，伊倫·居里擔任了母親的實驗助手。後來，居里夫人因健康原因退休後，伊倫就接替了母親的工作。一九二五年，居里家裏的生活發生了變化。這時居里夫人的實驗室來了一個小夥子，他的名字叫弗雷德里克·約里奧。他幫助居里夫人做一些工作，不久，當任務完成後，他留在了實驗室。在這期間，他與伊倫·居里彼此產生了愛慕之情，在一九二六年他們結婚了。

在約里奧與伊倫結婚之後，兩人在科學研究上也像居里夫婦一樣，相互合作、相互促進。這一對年輕夫婦——我們常稱作「小居里夫婦」——在科學研究上毫不遜於父輩。與老居里夫婦一樣，他們一生作出了許多漂亮的工作，但同時也經歷了一些「失敗」。

在二十世紀二〇年代初，拉塞福根據一些實驗現象，認為

原子核不只由質子構成，而應有一種與質子大小差不多的「中性粒子」。在一九三○年，兩位德國科學家發現，用 α 粒子轟擊鈹時，從鈹原子核釋放出一種神秘的射線。他們稱它為「鈹輻射」，它的貫穿本領很強，可以穿透幾公分厚的銅板。他們猜測，這大概是一種很強的 γ 射線。

小居里夫婦注意到這個新實驗。他們使用了更強的輻射源，並讓「鈹射線」穿過石蠟或含氫物質，發現新產生的輻射更強了，並且打出了質子。同樣，他們也把鈹輻射看成一種強 γ 射線。這種強射線所以能從石蠟中打出質子，這是由於 γ 射線從石蠟中打出了氫核，即質子。

從實驗可以看出，小居里夫婦的技術水準很高，但認識卻差得多。當時一位羅馬的物理學家看過後說：「真傻！他們已經發現了中性粒子，卻不認識它！」然而，對這種現象拉塞福的學生查德威克（James Chadwick）看到小居里夫婦的論文卻很重視，他把這告訴了拉塞福。拉塞福對小居里夫婦的報告很不以為然，並說：「我不相信！」他要查德威克趕快實驗，去看個究竟。

查德威克重複了小居里夫婦的實驗，但對於實驗結果的思索，查德威克的思路與小居里夫婦是不同的。查德威克認為，由於 γ 射線的作用，從石蠟中打出了質子，而根據現有的理論這是無法解釋的。由於查德威克瞭解拉塞福有關「中性粒子」的觀點，這打出質子的東西是不是「中性粒子」的作用呢？他又用這種「中性粒子」轟擊了硼，並認真進行了計算，基本上肯定了拉塞福的預測，這「中性粒子」與質子的質量大致相等。他還利用雲室做了進一步的觀測。因此，查德威克借助小居里夫婦的實驗發現了中子。

中子的發現非常重要，發現人理應得到諾貝爾獎。在討論時，許多人認爲查德威克應得到它，但小居里夫婦也應分享之。對此拉塞福認爲沒有必要。他說道：「發現中子的諾貝爾獎應該單獨給查德威克一個人；至於約里奧─居里夫婦嘛，他們是那樣聰明，不久就會因別的項目而得獎。」結果，一九三五年的諾貝爾物理學獎爲查德威克獨享，而小居里夫婦失之交臂。

7.5 反質子的發現

當狄拉克預言反電子之後，被安德森發現的正電子所證實，在一九三三年獲得了諾貝爾物理學獎；在獲獎的例行演講上，狄拉克又指出：「不管怎樣，我認爲可能存在負質子，因爲迄今的理論已確認正、負電荷之間有完全的對稱性。如果這種對稱性在自然界中是根本的，那就應該存在任何一種粒子的電荷反轉，當然，在實驗上產生負質子更加困難，因爲需要有更大的能量與較大的質量相對應。」由此可以看出，狄拉克的推論是，由電子推斷反電子，被確認後，狄拉克再推論，有反質子與質子對應，應該說還是合理的。但是，狄拉克也注意到，從實驗上證實反質子並非易事。

從狄拉克的新預言之後，二十年間沒有什麼進展，因爲實驗上要求達到的能量超過六十億電子伏特。不過在二十世紀四〇年代，人們在宇宙射線的研究中還是發現了有關反質子的蛛絲馬跡。

尋找反質子的途徑主要有兩個，一個是從宇宙射線中尋

找，花費不大，且可以「守株待兔」。另一個是利用加速器加速質子，花費昂貴。用這種高能質子轟擊靶中的原子核，以產生反質子。最初，人們從宇宙射線中尋找反質子，期望著像發現正電子那樣的「運氣」，經過二十年的尋找也沒有什麼結果。但是，在這二十年間，加速器技術也沒有能達到足以將質子加速到如此高的水準。

到二十世紀中葉，電機製造技術、真空技術、高頻技術獲得了極大的提高，特別是核技術發展有了重大的突破，使得在實驗室中產生和研究反質子的條件更加成熟。這時，人們已經不僅研製出大型加速器，的確具備了尋找反質子的條件，但是這並不意味著只要待在加速器邊上「守株待兔」就可以了。這件工作還需要實驗者具有豐富的經驗和學識，要不怕麻煩和難以預見的困難，準備在大海中去撈針。

一九五五年，在美國加州的柏克萊建造了一台質子同步加速器，它的能量可達六十四億電子伏特。這恰好是產生質子－反質子對所需要的最低能量。這是一台巨大的裝置，僅使質子迴旋的磁鐵就重達一萬噸。

在實驗中，美籍義大利物理學家塞格雷（Emilio Gino Segrè）和美國物理學家張伯倫（O. Chamberlain）的小組，利用這台加速器加速質子，打到銅靶上，產生了反質子，同時還產生了大量其他的粒子，如中子、質子、介子等。大約在幾十萬個粒子中才能產生一個反質子，這差不多需時十五分鐘才能產生一個反質子。塞格雷的小組大約得到了幾十個反質子，並在仔細分析後才確認了反質子的存在。

反質子的發現，連同不久之後發現的反中子，使人們對反

粒子的認識大大加深了，對物質的微觀結構的認識水準也大大提高了。

塞格雷於一九〇五年出生在義大利的羅馬。父親是一位工業家。一九二二年，塞格雷考入羅馬大學學工程。開始對物理學並沒有什麼瞭解，後來與物理系的老師費米（Enrico Fermi）等人接觸才對新物理學有所瞭解，並找來了一些物理學的書來讀。然而，真正對新物理學的知識有所認識，是一九二七年跟隨費米等人去義大利科摩（伏特曾生活和工作的地方）參加紀念伏特逝世一百周年的學術討論會。由於世界上許多著名的物理學家都來參加會議，在會上塞格雷真正感受到新的物理學是具有多麼大的魅力。

在會上，塞格雷看到一位面貌和藹的人在宣讀論文。塞格雷就問他的一位老師，這位講演者是誰。老師說是玻耳。塞格雷又問：「玻耳是什麼人呢？」老師確實很驚訝他的這個問題：「難道你從來都沒有聽說過玻耳的原子模型嗎？」塞格雷並不感到有什麼難為情，而接著問：「玻耳的原子模型是什麼呢？」費米就為他講解，並且還談到與會者中的德國科學家勞倫茲、卜朗克和康普頓等人，以及勞倫茲變換、卜朗克常數和康普頓效應等。這些講解使塞格雷大開眼界，等到新的學期開始時，塞格雷已經是物理系的學生了，不久他的一位

● 塞格雷 ●

同學也轉到了物理系。

　　除了在科摩聽那些著名科學家講演，塞格雷知道，物理學並不是只限於牛頓力學和古典物理理論，還有量子力學中所包含的有關微觀粒子運動的新知識。儘管對這些新知識科學家已經掌握了許多，但仍有大量未知的東西需要人們去探索、去研究。所有這些，激勵著塞格雷如饑似渴地去學習，他讀了大量的物理學書籍和文章，因此很快就通過了物理系的畢業考試，此後在費米的指導下獲得了博士學位。

　　獲取學位之後，塞格雷又出國學習，進行原子物理學和光譜學的研究，取得了很大的成績。他於一九三二年回到羅馬，與費米一起從事中子與原子核反應的研究，其中最重要的成就是發現慢中子效應。

　　這時由於費米在國際科學界的地位日益提升，在羅馬成立了以費米為中心的新的物理學學派。塞格雷與同事將費米戲稱為「教皇」，幾個同事也都有綽號。塞格雷也得到了一個綽號——「蛇怪」。據說，有一次在費米的辦公室討論問題，在發言時，別人不按次序發言，塞格雷沒有機會發言，為此塞格雷大動肝火，並拍案而起，一拳下去竟把費米的桌子打出了一個洞。這樣，塞格雷也就理所當然地得到了這個綽號。

　　一九三六年，塞格雷離開羅馬到巴勒莫任教授；一九三八年由於法西斯政權迫害，塞格雷離開了義大利，到美國加州大學任教，在發現人造元素的研究中取得了重要的成就。塞格雷與在羅馬時的同事一起用氘（即重氫）和中子輻射元素鉬，得到了第一個新元素鎝（希臘文的原意是「技術」，即「人工製造」），它在元素週期表中排在第四十三位，並且是放射性元素。幾年後，他又與別人合作，用 α 粒子轟擊鉍，得到了第八

十五號元素砹（意思是「不穩定」），這是一鹵族放射性元素。

　　第二次世界大戰期間，塞格雷參加了美國原子彈的研製工作，其中最重要的工作是與費米一起利用中子轟擊鈾-238，以製取鈽-239。鈽-239在自然界並不存在，只能人工製取，這是製造原子彈和進行核反應實驗的重要材料。

　　一九五三年，塞格雷到了加州大學，並於一九五六年發現反質子，他也因此與他的學生張伯倫一起獲得了一九五九年度的諾貝爾物理學獎。有趣的是，塞格雷的獲獎還受到一些人的「非議」。一位諾貝爾獎獲得者曾指出：「我很遺憾，他竟然因為這個而獲得諾貝爾獎。這項研究確實非常好，但他還作過許多勝過它的漂亮的研究。你瞧，只要能有機會使用那台機器，任何人都能完成那種實驗。塞格雷是一位非常優秀的物理學家，他出色地完成了許多別的工作……我對他得獎感到高興，他完全夠格，但我卻寧願他是由於別的成就而得獎。」當然，這種「遺憾」是無法補救的，因為科學家得到第二次諾貝爾獎的機會實在太小了。

7.6 王淦昌的傑作

　　在二十世紀五〇年代，反粒子研究作為科學技術進步的一個標誌。當時在蘇聯杜布納成立了聯合原子核研究所，除了蘇聯，還有中國、羅馬尼亞、匈牙利、波蘭、捷克斯洛伐克、越南等十餘個國家都參與研究所的一些國際合作專案。一九五六年，王淦昌代表中國參加杜布納研究所的工作。他在這裏先任高級研究員，後任副所長，並且領導了有幾十人參加的研究集體。

這時杜布納剛建成一個能量達一百億電子伏特的質子同步加速器，比美國柏克萊的質子加速器還要大。這為激烈的科學技術競爭創造了較好的條件，不過要使加速器能取得佳績，還需要確定適宜的方案。中國科學家王淦昌具備了優秀的科學素質，結合加速器的特點，王淦昌擬定了兩個研究方向：一是尋找新粒子，一是系統研究高能粒子產生的規律性。王淦昌負責尋找新粒子的研究工作，這無疑是最富於競爭性和挑戰性的課題。

　　像塞格雷的小組一樣，王淦昌也十分重視探測技術的研究。在實驗工作中，王淦昌提出了製作大型氣泡室的建議，氣泡室於一九五八年秋建成，並且運行穩定。

　　由於加速器的能量很高，可以方便地產生多種介子和反質子，因此王淦昌決定利用加速器產生的負 π 介子，研究負 π 介子與原子核的反應。更重要的是，在含有負 π 介子的系統中，不含有反重子，這為發現反粒子創造了有利條件。

　　王淦昌小組利用氣泡室拍下了十萬張照片，其中包含著幾十萬次的負 π 介子與原子核的反應事例，這對粒子性質有了一定的瞭解，並對反粒子的特點能勾勒出大致的概貌。為此，王淦昌制定的準則，使每位研究人員能夠在腦中展開一幅較為清晰的圖像，可以有目的地找到研究的粒子。

　　在具體研究過程中，王淦昌的小組先鑒別出一些「候選者」，再從這些「候選者」中進行定量分析，以確定這些粒子的質量和壽命，確定它的衰變方式，並推斷這種反粒子的性質。

　　一九五九年三月九日，王淦昌小組傳來了令人振奮的消息，他們從幾萬張照片中挑選了一張具有反 Σ 負超子的事例的圖像。

●王淦昌●

反Σ負超子的發現進一步證實了任何微觀粒子都有相應的反粒子存在。這一發現在蘇聯、在中國,乃至在世界科學界都引起了強烈的回響。著名物理學家楊振寧對此曾說過,在杜布納的質子加速器上,王淦昌小組發現的反Σ負超子是唯一值得稱道的重大發現。王淦昌也因此獲得了中國一九八二年度國家自然科學一等獎。

反Σ負超子的發現說明,中國科學家已經具備了攀登科學技術高峰的能力,像王淦昌這樣的傑出科學家只要能夠正確地選擇課題,制定合理的技術路線,就可以不失時機地做出重大的發現。

王淦昌是江蘇常熟人,於一九〇七年出生。他的父親在當地是一位有名的醫生,但在王淦昌四歲時就去世了,全家的生計主要靠大哥行醫和經營小本生意來維持。十三歲時母親又去世了。當時的王淦昌聰明好學,在外婆和大哥的支持下,小學畢業後就到上海去讀中學。在中學期間,除了學習課堂上的知識,他還參加了數學課外小組,讀完了大學一年級的數學課程,並且樹立了攻讀自然科學的決心。

中學畢業後,王淦昌先學了半年外語,又在一所技術學校學習汽車駕駛和維修技術。不久報考清華學校(清華大學的前身),並被錄取,成為該校第一批大學生。

初到清華，他迷上了化學，尤其喜歡化學實驗，並認真做了許多化學實驗，這對他後來的科學研究工作非常有益。然而物理系主任葉企孫（中國著名物理學家，現在中國物理學會的一項獎金就是以他的名字命名的）對王淦昌十分欣賞，並且親自傳授知識，鼓勵他在科學上能有更大的發展，這使王淦昌對實驗物理學產生了濃厚的興趣，並決心以此為終生的奮鬥方向。一年以後，王淦昌進入了物理系。

　　後來，著名物理學家吳有訓（現在中國物理學會的一項獎金是以他的名字命名的）來物理系任教，對王淦昌影響很大，並在王淦昌畢業後，將王淦昌留下做助教。在吳有訓的指導下，王淦昌寫出了第一篇關於大氣放射性的論文。不久之後，為了深造，王淦昌考取了出國留學的資格，到柏林大學，師從著名女物理學家邁特納（Lise Meitner）。

　　剛到柏林大學，王淦昌參加了一次學術報告會，從報告中他得知德國物理學家玻特和貝克爾的一個實驗，即用 α 粒子打擊鈹核，可以產生強 γ 輻射。其中的強 γ 輻射給王淦昌留下了深刻的印象，但是，這種 γ 輻射是否真的能達到這樣高的水準，王淦昌是有懷疑的。他向邁特納表示，想改進玻特的方法重做實驗，因為實驗中要用雲室（玻特用的是計數器），邁特納沒有同意，王淦昌只得作罷。不久，英國物理學家查德威克使用雲室和計數器重做了實驗，結果發現了中子。後來查德威克還因此獲得了諾貝爾物理學獎，事後，邁特納沮喪地說道：「這是個運氣問題。」

　　在柏林大學，王淦昌主要從事 β 射線的研究，並於一九三三年底獲得博士學位。由於邁特納是奧地利的猶太人，納粹上臺後就剝奪了她的教書權（一九三三年她逃亡到瑞典）。在法西

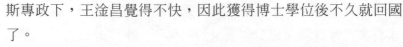

斯專政下，王淦昌覺得不快，因此獲得博士學位後不久就回國了。

回國後，王淦昌先到山東大學、後到浙江大學教書。抗戰爆發後，王淦昌隨浙江大學轉遷數地，儘管如此，王淦昌還堅持教學與研究，他為軍事需要特別開設了「軍事物理」的課程。

一九三九年二月，王淦昌從雜誌上看到奧托‧哈恩（Otto Hahn）關於核裂變的發現之後，立即在物理系做了介紹。一九四五年，當美軍向日本投下原子彈之後，王淦昌又專門做報告，介紹原子彈的原理。

當學校遷到貴州遵義之後，情況相對穩定下來，儘管生活和工作條件極差，王淦昌仍堅持研究，在五年內，他先後寫出了九篇論文。其中影響最大的是關於中微子問題的研究。他認為，如果中微子不能被探測到，那麼理論再好，其價值也是值得懷疑的。經過認真研究，王淦昌於一九四一年寫出了《一個關於中微子的建議》。正是看到王淦昌的論文之後，美國科學家艾倫（J. S. Allen）才進行了最初的驗證，並且是一九四二年世界物理學的重要成就之一。王淦昌也因此獲得了第二屆范旭東（一位著名的實業家）先生紀念獎金。後來，在回憶這段研究工作時，他寫道：「物理學的研究工作，除了鑽研純理論和實驗兩個方面，還有第三個方面，那就是歸納、分析和判斷雜誌上所發表的實驗方法、資料和結論。這種工作是為理論工作搭橋，是推動實驗工作前進的。」

7.1 蓋爾曼與夸克

蓋爾曼（Murray Gell-Mann）於一九二九年出生在美國紐約。他的父母是在第一次世界大戰之後從奧地利移民到美國的。父親是一位語文教師，在數學、天文學和考古學上也有一定的造詣。家中只有他與哥哥，哥哥是一位攝影記者。受到哥哥影響，蓋爾曼對鳥類知識很有興趣，並對自然科學發展的歷史很有興趣。他還精通幾國語言，這在科學家中是不多見的。

蓋爾曼極有天賦，八歲時就得到了一筆獎學金，並進入一所「重點」學校。在學習期間，蓋爾曼的功課差不多是門門優秀，但對學校的單調生活很厭煩，尤其是對物理學不感興趣。他感興趣的是語言學、數學和歷史學，甚至像橄欖球這樣的運動項目也是他所喜歡的。

十五歲時，蓋爾曼考上了大學，但對陌生的大學生活還缺乏信心，甚至還懷疑自己的學習能力，學什麼專業也難以確定。當時父親希望他將來搞工程，可是蓋爾曼並沒有這樣做，而是在表格中填下了物理學，他覺得物理學與工程學是相近的專業。因此，像他自己所說的那樣，當上一名物理學家純屬偶然。

十九歲時，蓋爾曼大學畢業了，同時還獲得了麻省理工學院的獎學金，並成為這裏的研究生。在學習上他毫不費力，而且總是得到高分。他經常參加一些學術討論會，使他對物理學的問題有了更深的瞭解。為此他選擇了難度較大的科學問題。

一九五三年，蓋爾曼的研究取得了很大成績，這就是所提出的「奇異」量子概念。所謂「奇異」是指，當 π 介子或質子與原子核進行碰撞時，可以產生像 K 介子或超子這些奇異粒

子。這種粒子產生得很快，衰變得很慢。最初，由於難以解釋，就將這些粒子叫做「奇異粒子」。蓋爾曼提出的「奇異」概念就成功地解釋了奇異現象。這樣，蓋爾曼不僅在粒子物理學界獲得了一些名聲，而且他起的名字「奇異」包含著「在比例中不具有某種奇異性就不會成為至美的」（培根的話）意思，可見他起的名字是十分講究的，這與他的文學素養不無關係。開始他起的名字是「好奇」，後來才根據培根的話改為「奇異」。

當年，為了解釋中子與質子之間的「交換力」，湯川秀樹（Hideki Yukawa）提出了「介子」概念，並在二十世紀四〇年代末得到證實，然而在五〇年代，人們發現了更重的介子——K介子，它比質子要重一半。質量超過質子質量的粒子就被稱做「超子」，並且還有別的超子被不斷發現。

這時人們發現，粒子間的作用除了電磁相互作用還有強相互作用和弱相互作用，引力相互作用太弱了，所以可以被忽略。這樣，粒子可被分為三類：只參與電磁相互作用的光子，既參與電磁相互作用、又參與弱相互作用的輕子，既參與電磁相互作用和弱相互作用、又參與強相互作用的強子。在已經發現的粒子中，大部分是強子，像K介子和π介子之類的介子、質子和中子之類的重子、很重的超子都是強子。像K介子和超子就是在強相

蓋爾曼

互作用下產生的，人們認爲，這些粒子在衰變時也應是一種相互作用，但是實際上是在弱相互作用下衰變的。在弱相互作用下的衰變不會超過十億分之一秒，這是一個極小的數值，但比強相互作用下的衰變還是要慢得多，二者相差幾十億倍。按這種說法，K介子衰變應在億億億分之一秒內就完成，而不應在萬億分之一秒內才完成。大家覺得這很奇怪，所以就將K介子和超子之類的粒子叫做「奇異粒子」。

蓋爾曼的「奇異」是量子概念，圓滿地解釋了這些奇異現象。一九五五年蓋爾曼被聘到加州理工學院，第二年還被聘爲教授（這一年蓋爾曼只有二十七歲）。

一九六四年，蓋爾曼並不滿足已有的成功，他還要在物質結構研究的道路上走得更遠。鑒於當時某些模型在說明介子是比較成功的，但在說明重子上並不成功。這樣，蓋爾曼開始思考，這麼多的強子都是基本粒子嗎？就像當年狄拉克對負能解並不輕易捨掉，而名之爲反電子一樣，在研究粒子時，蓋爾曼發現，構成像質子、K介子這些粒子的粒子應具有分數電荷，即電荷爲電子電荷的+2/3或-1/3。這與一般的看法不能相容，因爲電子是最小的電荷，比電子再小的電荷是沒有意義的。

這些具有分數電荷的粒子應叫什麼名字呢？蓋爾曼想，這種一分爲三的東西與他看過的一本詩集有些關聯。這本詩集的名字是《芬尼根的徹夜祭》，其中有幾句詩：

夸克…夸克…夸克…
三五海鳥把脖子伸直，
一起沖著紳士馬克。
除了三聲「夸克」，
馬克一無所得；

除了冀求的目標，

全部都歸馬克。

　　這樣，蓋爾曼就構成質子、中子等粒子的更基本的粒子起了名字，叫「夸克quark」。

　　蓋爾曼將這些想法寫成論文，這篇論文並不長。編輯看到這篇短文中竟有一個很怪的名稱「夸克」，他想這又不是小說，這種不受約束的想像太不像話了，就將論文給退回去了。所幸的是，他將文章寄到歐洲，文章還是發表了。

　　不只是美國的編輯不理解，當蓋爾曼打電話給正在歐洲工作的老師韋斯科夫（Tom Weskopf）時，老師對夸克也是莫名其妙，老師說道：「這可是越洋電話啊！是要花錢的，我們別討論這種無聊的事情了。」老師覺得在長途電話中討論什麼夸克，花了許多電話費是不划算的。

　　根據當時對粒子的認識，蓋爾曼設想的夸克有三種：上夸克（up）、下夸克（down）、奇（異）夸克（strange），可以簡寫為u、d、s。u所帶的電荷為電子的+2/3，d所帶的電荷為電子的-1/3，s所帶的電荷為電子的-1/3。簡而言之，夸克所帶的電荷為：u為2/3、d和s為-1/3。構成重子的夸克要三個，構成介子的夸克要兩個。例如，「八重態」中的八個粒子：質子和中子、三個Σ超子、兩個Ξ超子和一個Λ超子。其中兩個下夸克和一個上夸克構成中子（寫作udd，因此，中子的電荷為0），構成質子的夸克為一個下夸克和兩個上夸克（寫作uud，質子的電荷為1），Σ^+（uus）、Σ^0（dus）、Σ^-（dds）、Ξ^0（uss）、Ξ^-（dss）、Λ^0（uds）；「十重態」中的十個重子：Δ^{++}（uuu）、Δ^+（uud）、Δ^0（udd）、Δ^-（ddd）、Σ^+（uus）、Σ^0（sdu）、Σ^-（dds）、Ξ^0（uss）、Ξ^-（dss）、Ω^-（sss）。此外還有八個介

子，三個夸克和三個反夸克恰好有九種組合方式：u和反u、d和反d、s和反s、d和反u、d和反s、s和反u、s和反d、u和反d、u和反s。這恰好可構成八種介子和一個介子單態。大約與蓋爾曼同時，美國科學家茨維格也提出了夸克模型，但他叫「王牌」（撲克牌中的A，即ace）。

這裏的u、d、s被形象地說成為夸克的三種「味」，每種夸克的「味」還有三種顏色：紅、黃、綠，也可寫作R、Y、G。然而對夸克的認識就此終止了嗎？

7.8 「吉普賽」粒子

一九七四年，美國華裔物理學家丁肇中（Samuel Chao Chung Ting）領導一個研究小組，在美國東海岸的一架大型加速器上工作，發現了一個新的粒子。為了確證他們的新發現，他們又花了三個月的時間。大約與丁肇中小組的發現同時，美國史坦福大學也有一個小組，在里希特的領導下工作，他們也發現了類似的新粒子。丁肇中到史坦福大學參加一個學術會議。在會上碰到了里希特，丁肇中說：「我有一些有趣的新發現要告訴你。」里希特回答道：「我也有一些新知告訴你。」二人會意地笑了，他們發現的肯定是同一個東西，唯一不同的是，丁肇中為它起的名字叫「J」（與中文的「丁」形同），而里希特稱它為「Ψ」。由於發現者都具有命名的優先權，所以名稱定為J/Ψ。大多數科學家在稱呼這個新粒子時採取了外交式方式，當你到美國東海岸時，就叫它「J」，而到了西海岸時就叫它「Ψ」，到世界其他地方就隨便了，多數人叫它「J/Ψ」，讀作GYPSY，譯成中文就是「吉普賽」。人們就想起了那個漂泊世

界的吉普賽民族了。

　　在J粒子被發現之前，物理學正在經歷一個無所作爲的「冬眠」時期，新粒子的發現結束了這種「冬眠」。特別是對夸克理論的看法，人們是接受它還是拒絕它，正處在一個十字路口，J粒子的發現使夸克理論獲得了新生。爲了說明新粒子，人們在原有的三種夸克之後，又加上了第四種。這就是粲夸克（c），J粒子是由粲夸克和反粲夸克組成的。

　　說到這裏，人們自然想起了格拉肖（Sheldon Lee Glashow）「吃草帽」的幽默。在二十世紀六〇年代，夸克的三種「味道」就可以解釋當時的粒子現象了，但到七〇年代就不行了。當時美國科學家格拉肖在一九七四年的一次介子會議上提出了一種新的夸克——粲夸克（charm），簡寫爲c。他還勸與會者去尋找這種新夸克，免得被「外行」先發現了。他

還「打賭」說：「下次介子會議不外乎如下三種情況：一是沒有發現粲夸克，那麼我把自己的帽子吃掉；二是它被介子專家發現，那麼大家一起慶祝；三是它被外行發現，那麼與會的介子專家就要吃掉各自的帽子。」事情發展得很快，半年後，粲夸克被丁肇中和里克特發現了。這樣，在一九七六年的介子會議上，會議組織者發給每人一塊草帽樣的糖果，因爲粲夸克是「外行」（不是介子專家）發現的，所以與會者要把這些「草帽」吃掉。

　　由於J/Ψ的發現，丁肇中與里希特

●丁肇中

分享了一九七六年的諾貝爾物理獎。這一年丁肇中整四十歲。這是一個精力旺盛的時期。也由於丁肇中在實驗上表現出精湛的技術，以及他在實驗研究上取得的成就，人們尊稱他為「高能物理上的喬治·巴頓將軍」。這位巴頓將軍就是第二次世界大戰令敵軍膽寒的名將。

7.9 夸克囚禁與三代粒子

就現在的認識水平來看，夸克是最小的物質粒子，在構成強子時，夸克之間的作用還要借助膠子，這就像傳遞電磁作用的媒介粒子——光子一樣。同樣，就像帶電粒子所帶電荷決定電磁作用的強弱一樣，夸克粒子也帶有「色荷」；不過電荷只有一種，色荷卻有三種：紅色（R）、黃色（Y）和綠色（G）。這些色荷決定夸克參與強相互作用的強弱程度。由於色荷共有三種，因此膠子就要有八種。一般來說，介子是由一個夸克和一個反夸克構成，重子是由三個夸克構成。這些正反夸克之間的作用是透過交換膠子來完成的。如果說約束核子在原子核內的力是核力，那麼約束夸克在重子或介子內部的力可以稱作「色力」。不同的是，核力對核子的約束是有限的，在外界作用下，像放射性元素那樣，核子脫離原子核並不是太困難的事情。然而，從實驗的情況來看，色力並非一般的力，夸克要衝破色力的束縛是不可能的。這種現象就像夸克被「囚禁」起來一樣，因此就將這種現象稱作「夸克囚禁」。

關於「夸克囚禁」，科學家曾提出了「弦」模型來解釋。他們認為，強相互作用可能是由一些「弦」狀粒子產生的。在這種模型中，介子中的正反夸克繫於「弦」的兩端。重子中的三

個夸克則由三根「弦」連繫著。這種弦的長度約為 10^{-13} 公分。借助這種模型，人們可以看到，夸克受制於「弦」的作用。然而，奇怪的是，當兩個夸克離得十分近時，它們之間彼此並無妨礙，每個夸克的行動很「自由」；但夸克離得較遠時，色力的作用並不隨距離的增加而減小，也就是說，夸克不能完全掙脫「弦」的作用而變成「完全自由」，而只能在「弦」的控制下、在距離較近時獲得「漸近自由」。

總的來說，當前要定量解釋「夸克囚禁」問題和強子結構的圖像，這仍是高能物理的重要任務。

從蓋爾曼提出夸克理論之後，迄今共發現三代、六種夸克，第一代夸克為u和d，第二代為s和c，第三代為t和b。其中u、c、t帶正電荷，電荷數為電子的2/3；d、s和b帶負電荷，電荷數為電子的1/3。可見在同一代中的兩個夸克，所帶電正好差一個電子電荷數，它們的差別主要是在質量上。

迄今發現的輕子數也正好為三代、六種：e、μ、τ、ν_e、ν_μ、ν_τ。第一代輕子為e和電子型中微子，第二代輕子為μ和μ子型中微子，第三代輕子為τ和τ子型中微子。其中e、μ、τ均帶一個電子單位的電荷，對應的中微子都不帶電，每一代的兩個輕子電荷數也差一個單位電荷。

夸克和輕子的這三代劃分法並不是一種巧合，而是有著重要的內在聯繫。從質量上看，後一代比前一代要大，並呈現周期性表現。這種周期性表現也許預示著夸克還有更深一層的結構，它們也許是由更加基本的粒子構成。

從夸克和輕子的對應關係來看，夸克和輕子只有三代，其中輕子和反輕子共十二種；夸克由於帶有三種顏色，計有十八種夸克，加上它們的反夸克，共有三十六種。因此就目前來

看，輕子和夸克的數量總共有四十八種，這是構造大自然的基本粒子。此外，還有傳遞各種相互作用的媒介粒子：傳遞電磁相互作用的光子、傳遞弱相互作用的粒子 W^+、W^-和Z^0，傳遞強相互作用的粒子有八種，共計十二種。

由此可見，在夸克和輕子的這個層次上，基本的粒子共有六十種。借助這六十種粒子，人們不僅可以解釋自然界的各種現象，而且還可以借這些粒子的不斷深入研究，可以作爲認識更深層次的粒子的一個必要仲介。

What Is Physics?

8.奇妙的引力

一九一五年，愛因斯坦得到了新的引力場方程，這不同於牛頓的萬有引力方程。一九一六年，愛因斯坦發表了《廣義相對論基礎》，這時第一次世界大戰正在激烈之時，新的理論為研究宇宙學提供了有力的工具。

8.1 光線彎曲

廣義相對論也像其他物理理論一樣，要受到更多的實驗檢驗，為此，愛因斯坦提出了三項驗證。這就是水星近日點進動、譜線的引力紅移和光線在引力場中彎曲。我們先看一看光

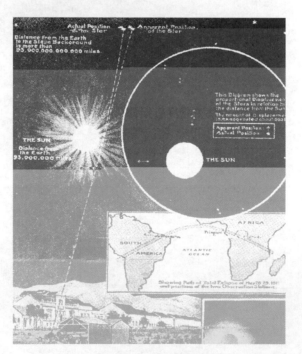

圖8-1 光線彎曲了

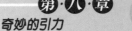

線在引力場中彎曲的驗證。

實驗的原理是這樣的，先選取定一顆恒星，它位於太陽的一側。由於太陽有很大的質量，當光線經過太陽周圍時，光線也會受到太陽的強大的引力作用，使光線偏離原來的路線。遺憾的是，在通常的條件下，這樣的實驗無法進行，因為陽光太強烈了，在白天我們根本無法看到天上的星光。如果要想在白天看到星辰的光線，只有在日全蝕時才能作到。

愛因斯坦提出檢驗方案後，為了交流，他將文章寄給了中立國荷蘭的一位天文學家，而後這位天文學家又轉寄給英國著名天文學家艾丁頓（Arthur S. Eddington）。

艾丁頓一眼就看到愛因斯坦文章的價值，經過艾丁頓的宣傳，愛因斯坦的理論引起了英國天文學界的高度重視，因為這畢竟是經過兩百多年後首次向牛頓引力理論挑戰的人。

光線在引力場中的彎曲實驗引起了艾丁頓的濃厚興趣，並主張進行驗證。當然，艾丁頓的主張也得到許多人的反對。這也難怪，因為這時英國和德國正在交戰，英國人恨死德國人了。德國的潛艇擊沈英國大量的艦隻，英國人為什麼要花大量的錢財來驗證來自敵國的理論呢？其實英國人不能將德國人同樣對待。在戰爭期間，對德國的戰爭販子，愛因斯坦是公開批評的，這在德國是極其少見的。艾丁頓也是一位和平主義者，他認為，在科學研究上不應抱有政治上的敵意。儘管戰爭尚未結束，艾丁頓卻準備去驗證愛因斯坦的理論，在一九一九年五月二十九日發生日全蝕時驗證愛因斯坦的理論。為此，英國決定派出兩支觀測隊伍。一支至非洲西部的普林西比島，一支至南美洲的索布臘爾。前者由艾丁頓親自率領。

一九一九年三月，在英國格林威治召開出發前的會議。艾

艾丁頓

丁頓坐在沙發上，眼睛凝望著牆上的牛頓畫像。艾丁頓的助手為使會議氣氛活躍些，他開玩笑道：「要是我們觀測到的角度不足0.87秒（牛頓值），也不是1.7秒（愛因斯坦值），而是3.4秒，那會怎麼樣呢？」

艾丁頓的助手在觀測上的確可稱得上是好手，但他認為艾丁頓對愛因斯坦的敬佩也許有些過分了。在他看來，廣義相對論只是一件美麗的衣服，但對天文學家卻不一定合身。空間也會彎曲，是不是有些太「玄乎」了呢？艾丁頓聽得出來，助手的話中揶揄的口吻顯然是針對愛因斯坦的。然而，有人說道：「那艾丁頓就要發瘋了，你一個人回來吧！」

第二天，兩支隊伍同時出發，各自奔向自己的觀測地點。艾丁頓的觀測隊是於四月二十三日到達普林西比島的，他們一到就立即緊張地投入準備工作。他們預計，如果天氣好，他們利用照相的辦法，至少可以清晰分辨十三顆亮星。看看這些星發出的光線到底會不會在經過太陽旁邊時發生偏折。

天有不測風雲。五月二十九日一大早，傾盆大雨從天而降。這怎麼進行觀測呢？艾丁頓來回地踱步，臉色看上去比天氣還難看。他的助手卻不以為然，甚至多少還有點兒幸災樂禍呢！心裏說起怪話：「誰讓你帶著我們到這裏驗證德國人的理論呢，這也是活該吧！」

到中午，雨總算停了，但陰沈的雲層還未散去，太陽隱藏其後，不肯露出真容。看樣子，兩年的辛苦準備就要付諸東流了。當然，艾丁頓是不死心的。當天色暗下來時，好像夜幕降臨。日全蝕發生了。他們抓住機會不停地拍著。日全蝕只有三十秒鐘，他們拍下了十六張照片。

照片拍得怎麼樣？回倫敦再看？等不及了。艾丁頓在島上就開始沖洗，並且將沖洗後的底片與倫敦帶來的照片進行比較。艾丁頓發現，這十六張照片中，只要有一張照片上的十三個「點」（這些點就是恒星的像）清楚地發生了偏離，這說明恒星光線在經過太陽附近時發生了偏折。

回到英國後，兩個觀測隊要報告他們的觀測結果。皇家學會和皇家天文學會聯合舉行報告會。在會場上，皇家學會會長湯姆生（電子的發現者）首先致辭，他說道：「愛因斯坦的相對論是人類思想史上最偉大的成就之一 —— 也許是最偉大的成就。……這不是發現一個孤島。這是發現了新的科學思想的新大陸。」兩支觀測隊的代表發言，報告他們的觀測結果，即日蝕觀測的資料與愛因斯坦的預言非常吻合。他講到，空間的確是彎曲的，牛頓為我們描繪的宇宙圖景應該改變了。

應該說，愛因斯坦提出的實驗驗證，它們的效應是很微弱的，而推導這些效應的數學公式卻是令人生畏的。人們在最初的研究時不免有些疑惑，但愛因斯坦對此卻充滿信心，因為

愛因斯坦

愛因斯坦認為，他的理論基礎是合理的，理論具有一種內在的和諧。當英國人證實了愛因斯坦的理論時，人們都發表了優美的讚語，一時之間，愛因斯坦成了家喻戶曉的名人。然而，愛因斯坦卻對此無動於衷。他的一位學生正在愛因斯坦的家裏，這位學生後來回憶道：「他突然打斷討論……伸手把放在窗欄上的一封電報取來遞給我說：『看一看吧，你也許對這有興趣。』這正是艾丁頓發來的日蝕觀察結果的電報。當我看到考察結果恰與他的計算一致而感到興奮的時候，他毫無所動地說：『我知道這個理論是正確的。』我問他說，假使他的預言沒有得到任何證實，那將怎樣呢。他答說：『那麼，我將為親愛的上帝感到遺憾——這個理論是正確的。』」

愛因斯坦對新聞炒作是沒有興趣的，但出於向公眾普及新的科學知識，愛因斯坦還是為倫敦的《泰晤士報》寫了文章，在末尾處，愛因斯坦加了一段附言，他寫道：

> 你們報紙上關於我的生活和為人的某些報導，全然是出於作者的活潑想像。為博得讀者們一笑，下面我舉出相對性原理的另一運用，今天我在德國被稱為「德國的學者」，而在英國成為「瑞士的猶太人」。若是我命中注定將被描繪成一個最可厭的傢伙，那麼事情就會反過來了：對德國人來說，我將變成「瑞士的猶太人」，而對英國人來說，則變成「德國的學者」。

我們在此也要附上一段「附言」，以說明驗證光線彎曲的「戲劇性」。

早在一九一一年，愛因斯坦已經計算出光線在太陽表面的偏折，但偏折角不是1.7秒，而是只有它的一半—— 0.83秒。為

了驗證它，德國天文學家弗羅因德利希決定在一九一四年八月的日全蝕時進行觀測。這一次日全蝕發生在俄國的克里米亞半島。

當德國人到達克里米亞半島時，第一次世界大戰爆發了。奧地利、南斯拉夫、德國、法國、義大利、俄國相繼捲入戰爭，而克里米亞半島的德國科學家成了最早的犧牲品。他們被作爲「間諜」而被俘，儀器也被沒收了。後來是作爲戰俘交換而回到德國的。一九一五年，愛因斯坦提出新的引力方程，並重新進行了計算。光線經過太陽附近的偏折角更正爲1.7秒，而戰後英國人的觀測結果是符合這一數值的。

艾丁頓等人的觀測只是初步的，爲了精確地進行測量，除了天氣不好的原因，這種觀測在日全蝕大都要進行觀測。我們可將部分測量結果列表如下（單位：角秒）：

地點（天文臺）	時間（年、月、日）	觀測資料（誤差）
索布臘爾（格林威治）	1919.5.29	1.98（0.12）
普林西比島（格林威治）	1919.5.29	1.60（0.30）
澳大利亞（格林威治）	1922.9.21	1.77（0.40）
蘇門答臘（波茨坦）	1929.9.21	1.82（0.20）
蘇聯（斯特恩貝格）	1936.6.19	2.73（0.31）
日本（仙台）	1936.6.19	2.13（1.15）
巴西（耶凱斯）	1952.5.20	2.01（0.27）
蘇丹（耶凱斯）	1952.2.25	1.70（0.10）
茅利塔尼亞（——）	1973.9	1.66（0.18）

這是從一九一九年以來對七次日全蝕的觀測結果。

其實光波只是電磁波的一部分，光波的反射、折射、直線

傳播等性質，一般的電磁波也具備。為此，人們選用無線電波進行實驗。用無線電波觀測還有一個好處，這就是人們不必苦苦等待罕見的和短暫的日全蝕，因為微弱的星光總是淹沒在太陽光中，但並不能對無線電產生如此的干擾。人們可以利用星空中輻射無線電波的恒星進行實驗觀測。從二十世紀六〇年代末到七〇年代，人們每年都進行一些觀測。由於無線電波的測量精度大大提高了，測量的結果也越來越逼近廣義相對論的數值，以一九七四年和一九七五年的測量資料為例，測得的無線電波偏折角為 1.761，而誤差只有 0.016，還不到 2%。

一九一九年十二月十四日，《玻璃門新聞畫刊》刊登了愛因斯坦的照片，載文介紹了愛因斯坦的事蹟。文章中說：「世界史上的偉大新人物，阿爾伯特·愛因斯坦，他的研究成就預示著將對我們關於自然的概念作一次全面的修改，他的成就可以與哥白尼、克卜勒和牛頓所具有的深邃洞察力媲美。」《倫敦時報》也宣布：「科學上的革命……宇宙的新理論……推翻了牛頓的想法。」

8.2 水星軌道引起的問題

關於行星的認識，到一七八一年取得了重大的突破，這就是天王星被英籍德國音樂師、業餘天文學家赫歇爾發現的。新行星的軌道遠遠超過了舊有的太陽系「邊界」，這幾乎將太陽系「圍欄」向外移動了一倍的距離。十九世紀，人們研究天王星「出軌」問題，認為在天王星外側應還有一顆未知的行星在「作怪」。經過觀測，人們果然發現了這顆大行星——海王星。這可

以看作是牛頓引力理論的輝煌勝利。然而，離太陽最近的水星也有些怪，那又是誰在「作怪」呢？

我們知道，行星運動軌道是橢圓形的。橢圓的半徑有一定變化規律。它的長軸和短軸是兩個重要的參數。水星軌道的主要特點是，它不是一個嚴格的橢圓。水星每繞日旋轉一圈後，橢圓的長軸也隨之有一點兒轉動。這種長軸的轉動叫做「進動」。為了說話的方便，我們以水星的近日點為標準，並將長軸進動稱之為近日點進動。

水星的進動是非常緩慢的，一百年才進動1º 33'20"，即5600"，每年的進動還不到1'。進動的原因主要是太陽引力的作用，此外還有各個行星引力的作用。但是各種引起水星軌道近日點進動的因素都考慮到，總的進動量每一百年只有只有1º 32'37"，或5,557"，與觀測值相差43"。每一百年差43"，每年不到半秒。儘管如此，這樣小的值也是科學家所不能忽略的。許多科學家對此進行研究。有些科學家認為，水星內可能存在一顆未知的小行星，它引起了水星近日點的進動。遺憾的是，直到今天，人們還未發現這顆小行星。

水星近日點進動問題反映著牛頓引力理論是有問題的，但問題不大，每一百年也不過區區43"的差值。然而嚴謹的科學家並不這樣看，這43"的差值不能不說是牛頓引力理論的一點兒遺憾。

愛因斯坦借助廣義相對論進行研究，所得到的值與觀測值符合得很好。其實，不僅是水星存在軌道的進動問題，其他行星也存在進動問題。根據廣義相對論的計算，它們與觀測吻合得較好。我們可以列表比較（單位：秒／百年）：

行星	觀測值（誤差）	理論值
水星	43".11（0".45）	43".03
金星	8".4（4".8）	8".6
地球	5".0（1".2）	3".8
伊卡魯斯（小行星）	9".8（0".8）	10".3

　　對於水星近日點進動的研究，愛因斯坦取得的成功使他非常興奮。他在給一位朋友的信中寫道：「方程式給出了水星近日點進動的正確數位，你可以想像我有多麼高興！有好幾天，我高興得不知怎樣才好。」

　　關於廣義相對論的實驗驗證，還有一個是光譜線在引力場中向紅端移動，簡稱「引力紅移」。這是在一九二四年被觀察到的。

　　三大實驗驗證給愛因斯坦帶來了極大榮譽，當然，愛因斯坦仍然非常謙虛。有一次，他的小兒子愛德華問他：「爸爸，你到底爲什麼這樣有名呢？」孩子可能覺得「有名」是很「好玩」的。愛因斯坦不會覺得很「好玩」，儘管兒子的幼稚有些好玩。他拿起孩子正在玩的大皮球，意味深長地說：「你看，有一隻瞎眼的甲蟲在這個球上爬行，它不知道自己所走過的路是彎的。很幸運，你爸爸知道。」這就像蘋果落地現象，千百萬人都看到過，可誰去追究它爲什麼落地呢？

8.3 難解的「白癡」問題

　　一九一七年三月，愛因斯坦在一封信中寫道：「宇宙究竟

是無限伸展著呢？還是有限封閉的？海涅（Heinich Heine）在一首詩中曾經給出過一個答案：一個白癡才會期望有一個答案。」多幽默啊！愛因斯坦竟把自己描寫成一個白癡。不過，這也是愛因斯坦在研究宇宙學問題、並在構造宇宙的模型時發出的感嘆，而這時的心情與當年德國詩人的心情是一樣的。這是多麼奇妙的巧合啊！

古往今來有多少人在考慮這個「白癡」的問題呢？有多少人在爭論宇宙到底是有限的，還是無限的？並且這樣的爭論已經爭論兩千多年了，至今也仍在爭論著，仍是宇宙學的一個十分重要的問題：宇宙是無限的，還是有限的？

在提出廣義相對論後，愛因斯坦首先將它應用在宇宙學的研究中，並得到了一個靜態的宇宙模型。很遺憾，人們很快就發現它是一個錯誤的模型。

俄國科學家弗里德曼（Alexander Friedmann）的宇宙學研究是短暫的，但他提出的新宇宙模型不同於愛因斯坦的模型。新的模型不排除動態的宇宙模型。由於他過早的去世，他的研究沒有受到太多人的注意。不過也有例外，比利時的一位科學家注意到弗里德曼的工作。他就是喬治·勒梅特（Georges Lemaître）。

勒梅特認為，宇宙不是靜態的，不是穩定不變的，而是動態的。我們知道，宇宙物質間存在著引力，引力理應將所有物質吸引到一起，並形成一個超級「大塊頭」。但宇宙應是膨脹的。宇宙略微膨脹可以抵消引力的作用；如果膨脹的趨勢比引力的作用要強一些，這種膨脹就會持續下去。也就是說，將來的觀測情況會看到更大的宇宙尺度，或者說，過去的宇宙尺度比今天的要小一些。

　　由於宇宙是膨脹的，勒梅特認為，宇宙必有一個起點。這不難理解，因為回溯宇宙的演化，發現它是由小到大的。勒梅特還引入了上帝創世的觀點，他讓上帝在創世時創造了一個「原始原子」。這個「原子」不斷長大，它膨脹時伴隨著宇宙的不斷演化，產生不同的天體和各種射線、粒子等。

　　最初，愛因斯坦對勒梅特的模型很不以為然。他認為，勒梅特並沒有很好地掌握有關的理論，「原始原子」的觀點是荒謬的，並堅持靜態模型，這當然使勒梅特很失望。

　　在弗里德曼和勒梅特提出宇宙動態模型或膨脹模型之後不久，美國天文學家的觀測支持了弗里德曼和勒梅特的觀點。一九二九年，哈伯（Edwin Hubble）透過觀測發現，一些星系在彼此退行和遠離，並且發現了一個極其簡單的規律：這些星系的推行速度與星系離我們的距離成正比。後來人們將這條規律叫做「哈伯定律」。哈伯的發現說明，宇宙正在膨脹著。哈伯的發現給弗里德曼和勒梅特的宇宙模型提供了有力的證據。

　　當愛因斯坦得知哈伯的發現之後，他不再「不以為然」了，而且意識到，他的靜態宇宙模型是不對的。他肯定了弗里德曼的工作，並接受了膨脹宇宙的模型。愛因斯坦的這種改變並不奇怪，因為在建立廣義相對論之後，他就一再宣稱，他的理論將接受各種實驗上的檢驗，並準備接受反面的檢驗結果，甚至放棄廣義相對論。而宇宙學的初期發展，愛因斯坦正是本著這樣的觀點行事的。

8.4 觀測宇宙的射電「窗口」

　　人們最早認識的電磁波是光波，它是我們獲得「光明」的

物質載體。但光波在電磁波中只占據極小的一部分。除了光波，無線電波是人類最早利用的波段，它也被稱做「射電波」或簡稱為「射電」。一八九四年，義大利發明家馬可尼（Guglielmo Marconi, 1874-1937）成功地將無線電用於通信。無線電技術提高了資訊傳遞的速度，但在早期的無線電通信中，常常有一些「無名干擾」影響無線通信的質量。為了改善無線電通信的質量，二十世紀三〇年代，美國的貝爾電話實驗室專門建造了接收機和天線，對無線電技術展開深入的研究。他們建造的天線是一個長三十公尺、高近四公尺的陣列；這個天線每二十分鐘旋轉一周，所以人們將它稱做「旋轉木馬」。

　　參加這項研究工作的工程師中，有一位名叫卡爾·央斯基（Karl Guthe Jansky, 1905-1950）的年輕人。他剛從大學畢業不久，一直鑽研無線電通信技術問題。在研究通信中的雜訊問題時，央斯基發現接收到的雜訊中，有三種很有特點的雜訊。一種是遠方雷暴產生的雜訊，一種類似雷暴產生的「喀啦，喀啦……」聲，以及一種「絲絲……」聲。這種「絲絲」聲幾乎是日復一日地精確重複著。這是一個非常奇怪的雜訊，使人聯想到「天使」的悄聲細語。由於無線電波常常被稱作「射電波」，所以這種無線電干擾也被稱作「射電干擾」。後來，央斯基還發現，「絲絲」型的射電干擾是來自銀河系中心的射電輻射。

● 央斯基 ●

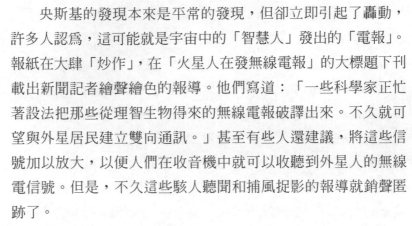

央斯基的發現本來是平常的發現，但卻立即引起了轟動，許多人認為，這可能就是宇宙中的「智慧人」發出的「電報」。報紙在大肆「炒作」，在「火星人在發無線電報」的大標題下刊載出新聞記者繪聲繪色的報導。他們寫道：「一些科學家正忙著設法把那些從理智生物得來的無線電報破譯出來。不久就可望與外星居民建立雙向通訊。」甚至有些人還建議，將這些信號加以放大，以便人們在收音機中就可以收聽到外星人的無線電信號。但是，不久這些駭人聽聞和捕風捉影的報導就銷聲匿跡了。

央斯基是一個嚴謹的科學工作者，他對這樣的「炒作」是沒有興趣的。通信技術的問題多著呢，不久上級就派他轉而研究其他的技術問題去了。不過，央斯基當時沒有意識到，他的發現已經打開了一個觀測宇宙的新的「視窗」，並導致了一個新的天文學分支——射電天文學的誕生。

8.5 聆聽宇宙大爆炸的「回聲」

隨著通訊技術和衛星技術的發展，美國於一九六〇年八月十二日發射了「回聲一號」。這是一個用聚酯薄膜製成的大氣球。它可將地面發射的電波反射到地面的其他地方，藉此實現無線電通信聯絡。這是最早的衛星通信系統，它的地面接收系統位於美國新澤西州。接收天線的形狀做成一個喇叭口的樣子。一九六三年，「回聲」接收系統的任務完成之後，貝爾實驗室決定把該系統的接收裝置用於射電天文學研究。這是射電天文學中第一個採用一套相當精密的觀測系統的裝置，可使射電源的信號得到精確的測量。

貝爾實驗室的科學家潘琪亞斯（Arno Penzias）和威爾遜經過一年左右的精密測量，發現一些不可消除的雜訊。最初，他們認爲，這可能是來自電子線路自身的雜訊，而後發現雜訊並非來自電子線路自身。在他們發現天線喉部粘滿了鴿子糞後，他們懷疑這種「白色介質」有可能成爲噪音源。他們將天線喉部拆下來，並清除了這種「白色介質」，但雜訊卻未被清除掉。經過種種努力，他們排除了雜訊來自設備自身的可能性。

　　最後，他們終於明白，這個像「幽靈」一樣的雜訊可能來自宇宙空間的深處。因爲這種雜訊是如此地均勻和穩定，以至於在天空的任何方向上都可以接收到它。

　　這個溫度爲二K（相當於攝氏零下270度）的噪音源是怎麼回事呢？潘琪亞斯和威爾遜並不清楚它的意義。當時，普林斯頓大學的一位科學家做了一次關於宇宙學的報告。其中提到，根據宇宙大爆炸理論的預言，應能觀測到一種微波雜訊。由於這種雜訊充滿宇宙，無論我們從哪個方向測量都可以測到它，所以就稱它爲「宇宙背景輻射」；又由於它是微波輻射，所以也可稱做「宇宙微波背景輻射」，簡稱「微波背景輻射」。當潘琪亞斯與普林斯頓大學的科學家聯繫之後，他們才認識到，他們已經發現了宇宙背景微波輻射。有趣的是，這正是大爆炸假說預言的微波背景輻射的可能性。當時他們的理論並未得到學術界的重視。原因是射電技術尚不夠成熟，人們根本沒有想到用實際觀測去證實這種預言。

　　潘琪亞斯和威爾遜的發現，可以說是恰逢其時。一九六四年，蘇聯、英國和美國的科學家，都對微波背景輻射問題進行了研究；科學家們一致認爲，現今的宇宙中應存在絕對溫度爲幾K的微波背景輻射。因此，對微波背景輻射的觀測，應該提

到日程上來了。美國普林斯頓大學的科學家專門設計和製造了一台小型低雜訊天線，以用於探測這種輻射。但是，他們的裝置尚未完成時，潘琪亞斯和威爾遜的結果已經傳來了。

　　潘琪亞斯和威爾遜的捷足先登，很令科學家們羨慕；他們的觀測為宇宙極早期階段的演化理論，提供了有力的證據。這項發現被譽為二十世紀六〇年代射電天文學四大發現之一，他們也因此獲得了一九七八年諾貝爾物理學獎。

8.6 宇宙的演化

　　宇宙背景輻射的發現大大支持了大爆炸的宇宙模型，進而使人們對宇宙創生和演化的過程有了進一步的認識。

　　一般來說，根據哈伯常數的測定，宇宙的年齡和大小為

1.0×10^{10} 年＜年齡＜2.5×10^{10} 年

1.0×10^{26} 公尺＜半徑＜2.0×10^{26} 公尺

$r_{P1} \approx 1.62 \times 10^{-33}$ 公分

　　這個 r_{P1} 稱為「卜朗克長度」，它只有 10^{-33} 公分，這是宇宙大爆炸前的尺度。宇宙膨脹多長時間才使曲率半徑達到「卜朗克長度」的量級呢？將「普朗克長度」除以光速 c 就得到「卜朗克時間」：

$t_{P1} = r_{P1}/c = 5.39 \times 10^{-44}$ 秒

　　這時的「卜朗克質量」為：

$m_{Pl} \approx 2.17 \times 10^{-5}$ 克

其密度爲：

$\rho_{Pl} \approx 1093$ 克／公分^3

這個量值比現在的宇宙密度高一百二十個量級，比原子核內的物質密度也要超出約八十個量級。這個時代也就被稱做「卜朗克時代」。

由於我們關於宇宙演化過程的認識是發生在過去的時代，科學家的研究就像考古學家和地質學家對化石和文物的地質年代的「考古」過程。從這種「考古」研究中，我們對宇宙演化過程有了大致的瞭解。

■宇宙的創生時期（$0 < t < 10^{-44}$秒）

宇宙呈現一種「無」的狀態，即不存在時間與空間的量子狀態，由於量子的作用導致所謂的「大爆炸」，產生了具有時空的量子狀態。時空的不斷地膨脹，時空的混沌交織，並未表現出連續性和序列性。所以這種時空也稱做虛時空，並且四種相互作用也是不可區分的和不可測量的。

■卜朗克時代（$t \sim 10^{-44}$秒）

處在卜朗克時代，虛時空轉變成即時空。這時形成了物質粒子，四種相互作用中的引力相互作用首先分化出來，但其他二種相互作用仍不可分（即「大統一」）。由於溫度極高（可達$10^{32}K$），夸克與輕子是可以相互轉化的。

■大統一時代（10^{-44}秒＜t＜110^{-36}秒）和暴脹期（10^{-36}秒＜t＜110^{-32}秒）

隨著時間的延長，空間繼續膨脹，宇宙的溫度不斷下降。當t=10^{-36}秒（T=10^{28}K，T為溫度）時，釋放出巨大的能量，並引起暴脹，t=10^{-32}秒時暴脹的結果是空間尺度增加了10^{50}倍，並且強相互作用從大統一中分化出來。夸克與輕子相互作用分開來，並結束了大統一時代。

■夸克－輕子時代（10^{-32}秒＜t＜10^{-6}秒）

開始時的弱相互作用與電磁相互作用仍是不可分的。到10^{-12}秒（溫度為10^{16}K），我們可以看到獨立的電磁力和弱力。

■強子－輕子時代（10^{-6}秒＜t＜1秒）

在t=10^{-6}秒（T=10^{12}K）時，溫度繼續下降，夸克凝聚成重子和介子後，但被「囚禁」起來了。

在t=10^{-4}秒（T=10^{11}K）時，宇宙中的輕子和反粒子占主要地位，重子中主要是質子和中子。

這個時代，宇宙物質主要是電子、正電子、μ子、τ子和中微子，以及質子和中子。由於這些粒子的相互作用產生了大量的光子和中微子。

■輻射時代和核合成時代（1秒＜t＜2×10^{5}年）

在t=1秒（T=10^{10}K）時，中子可以衰變為質子，正電子與電子不斷湮滅轉化為光子，使光子數目大增。由於宇宙以光子輻射為主，所以這個時代被稱做輻射時代。

在t=4秒時，中子不再衰變為質子，質子與中子的數量比為

7：1。

在 t=3 分鐘（$T < 10^8 K$）以後，較輕的原子核形成；在 t=30 分時形成了氦核，從質子與中子的比值可以推出氦的豐度，即氦占有宇宙總質量的 1/4，今天的觀測證明了這一點。

$T=2 \times 10^5$ 年（T=4,000K）時，物質的密度與輻射的密度差不多。自由電子被原子核所俘獲，並形成穩定的（輕）原子物質，進而宇宙進入以物質爲主的時代。此時，黑體輻射不斷冷卻，我們至今仍能觀測到三K宇宙背景輻射。

■星系時代（2×10^5 年＜t＜10^9 年）

這個時期的實物粒子呈氣體物態。由於宇宙的不斷膨脹和溫度的下降，氣狀物質被分離開，並形成星系團，而後從中分化出眾星系。

■恒星時代（t＞10^9 年）

當宇宙演化 t=5×10^9 年時，星系物質開始凝聚成眾多的恒星。由於物質間的引力作用和輕核的聚變反應，恒星產生並釋放巨大的能量。恒星一生大致經歷的幾個階段，即引力收縮階段、主序星階段、紅巨星階段或超新星階段，以及高密星階段（如白矮星、中子星、黑洞等）。在恒星演化過程中，還形成了一些行星或行星系統。在星系、恒星和行星的形成過程中，溫度適宜則重元素和各種分子就形成了。

一般來說，我們所居住的太陽系和銀河系大約源於宇宙開始後的一百億年時，距今約五十億年。而地球則產生於四十七億年前，它是太陽星雲分裂、坍縮、凝聚而成的。

8.7 自然的魅力

對於楊—米爾斯（楊振寧—C. Wright Mills）場中的粒子，它們的質量都是零，因此人們至多是將這種規範場看作是一種很好的數學方案，並沒有什麼人再去研究這種場。二十世紀六○年代，科學家對於對稱性的破缺才有了更深的認識，並且在研究中更加看清了對稱破缺的重要意義。

一九六五年，英國科學家黑格斯認為，當規範場發生對稱性破缺時，這些規範粒子可以獲得質量。藉此，溫伯格（S. Weinberg）和薩拉姆（A. Salam）才完成了弱電統一的研究工作。這樣，不但「對稱性破缺」可以堂而皇之地進入科學的殿堂，作為一種重要方法具有普遍的意義，而且在粒子物理學和宇宙學研究中發揮了巨大的作用。一九七九年，溫伯格在獲得諾貝爾獎的講演中對對稱性破缺的意義做了發人深省的解說。他在講演的末尾說到：「我認為物理學的前途是越來越樂觀的。沒有什麼事情比發現破缺對稱性更使我高興。……柏拉圖曾描寫到一些關在洞穴裏上了鐐銬的囚犯，他們只能看到洞外有物體投射到洞壁上的影子。當他們從洞穴釋放出來時，一開始眼睛受到強烈刺激，一下子他們會以為，在洞穴裏看到的影子比這時候看到的事物更真實。不過到後來他們的視覺清楚了，於是就能夠理解到真實世界是多麼美妙。我們也在一個這樣的洞穴裏，為我們所能做的實驗的種類所限制。特別是我們只能在比較低的溫度下研究物質，在此範圍裏，對稱性往往會自發破缺，因此自然界看起來並不十分簡單統一。我們不能走出這個洞穴，但是，長時間地盯住洞壁上的影子做艱苦細緻的審度，我們至少能覺察出對稱性的形態來。這些對稱性儘管是

破缺的，但卻是支配一切現象的嚴格的原則，是外部世界的完美性的表現。」

　　從溫伯格的話語中，我們可以看到，人們認識對稱性的破缺是要有一個過程的。據一位美國物理學家回憶，當他看到溫伯格的論文時，他的老師認為沒有必要閱讀它。

　　粒子科學的研究成果就像當年的廣義相對論，在宇宙學上大有用武之地。我們已看到，在宇宙的大爆炸過程中，宇宙最初是完全對稱的，在經歷了一次變化時就產生了對稱破缺，因此就產生了引力相互作用；不久又完成了一次對稱性破缺，因此就產生了強相互作用；此後的破缺又相繼產生了弱相互作用和電磁相互作用。我們可以看到，這正是統一之路的逆過程。更為有趣的是，在這一系列的破缺歷程中，各種相互作用相繼產生後，傳遞這些相互作用的媒介粒子都隱藏了起來，只有傳遞電磁相互作用的光子除外。有趣的是，在《聖經》中有這樣的記載：「上帝說，『要有光』，就有了光。」其實，上帝造的媒介粒子不只光，但只有光最輕巧（無質量），可以照亮宇宙，其他媒介粒子不是太重，就是被關了「禁閉」。看樣子，自然界最受寵的當是光子，在對稱性依次破缺之時，能量最低的光子被留在宇宙中，並穿梭般地來往於宇宙中。

　　當然，在今天的大統一理論中還未被普遍接受。據說，在一次討論宇宙初期演化的會議上，如果有人要發言，他就要穿上一個T恤衫，上面寫著 "COSMOLOGY TAKES GUTS"。這裏的 "GUT" 是一語雙關，它是大統一理論的縮寫，又有「勇氣」的意思。為此這句話的意思是「從事宇宙學需要大統一理論」，同時，「從事宇宙學需要勇氣」。如果是膽小鬼，就不要從事宇宙學研究，不要從事大統一理論的研究。

What

Is

Physics?

9.宇宙深空的景象

　　由於央斯基發現宇宙深空的奇妙信號，促使人們研究這些信號，並成功地建立起一門新的學科——射電天文學。這也大大地推動了人類對恒星演化的認識。

9.1 能輻射脈衝的星星

　　第二次世界大戰之後，由於雷達技術發展很快，促進了射電觀測技術的改進，在六〇年代，使射電天文學的發展進入一個黃金時期。

　　一九六七年，英國劍橋大學建成一座龐大的射電望遠鏡，它的矩形天線為470×45公尺，占地一萬八千平方公尺。有人說，這是「科學史上代價最大的一次」投資。由於這架射電望遠鏡的靈敏度非常高，因而為脈衝星的發現提供了良好的觀測方法。

　　休伊什（Antony Hewish）研究小組的射電觀測人員中，有一位女博士研究生，她的名字叫貝爾（S. J. Bell）。她從一九六五年就參加了這個射電天文小組，並在此攻讀博士學位。安裝這個龐大的天線陣也有她的功勞。天線安裝完畢後，為了撰寫博士論文，貝爾要蒐集足夠的資料。所以，從一九六七年七月份開始，每隔四天她就詳細分析一遍一百多公尺長的記錄紙帶（望遠鏡對整個天空掃視一遍需四天時間）。由於開始時與天線配套的電腦還未安裝，所以要靠貝爾的雙眼，她要一公分、一公分地審視記錄紙帶，這是一件非常枯燥的工作。貝爾既要從紙帶上分離出各種人為的無線電信號，又要把真正射電體發出的射電信號標示出來。

十月份的一天，貝爾從紙帶上看到了一個長約一公分的特殊信號。以前的紙帶上是否也有這樣的信號呢？為了弄清這一點，貝爾決定再仔細地審查一下已經審查過的記錄。她果然發現，最早在八月六日的記錄紙帶上就出現過這種奇怪的信號，到九月底為止，已記錄到六次之多。她把這一情況報告給休伊什，經過兩人的討論，決定用新安裝的快速記錄儀繼續觀測。到十一月底，貝爾終於發現，這是一種短暫的脈衝，並且很穩定，很有規律。脈衝是一種短暫的無線電信號，就像人的脈搏，有規律地跳動著，這種現象是過去從未見過的。

　　開始時，休伊什認為，脈衝可能是人為的，會不會是在遙遠星球上智慧很高的「外星人」以某種方式在尋呼呢？小組的成員給它起了一個很好聽的名字——「小綠人」。它真的就是科幻小說中描繪的「外星人」打來的招呼嗎？這的確是一件令人興奮的事情。

　　就像當牟央斯基接收到的射電干擾一樣，火斯基對「外星人」的說法很不以為然，貝爾對「小綠人」的說法也不去理會。她認為，這種射電天體有固定的位置，天線接收的方向和速度也都不變，不像是「小綠人」所為。如果是「小綠人」之所為，它們所在的行星的運行會影響信號，可是幾個月的觀測並未發現這種變化；並且貝爾接著又發現三個類似的輻射脈衝的天體，「小綠人」總不可能在四個相距如此遙遠的天體上同時發射相近的射電波。於是，研究小組認為，這可能是一種白矮星或中子星。

　　關於輻射脈衝的星星，人們早在三〇年代就已經做了初步的研究。

　　一九三二年，英國物理學家查德威克（1891-1974）發現了中子，這在科學界引起了極大的反響。據說，這一消息剛傳到丹麥的哥本哈根，有一位二十四歲的蘇聯物理學家朗道（L. D. Laudau, 1908-1968）就提出了一種新天體——由中子構成的緻密天體，一些科學家還具體提出了中子星的模型和中子星可能存在的天區。

　　中子星是一種什麼星呢？它是怎樣形成的呢？

　　原來，當恒星進入晚年時，星體內的聚變反應越來越不穩定，反應速度也越來越快。這就可能導致新星或超新星爆發。所謂新星，就是一個星星的亮度突然增加了一萬多倍，甚至增加了一百萬倍。超新星的亮度會增加一千萬倍，甚至一百億倍。於是，原來未被人們看到的一顆暗星，突然閃耀於太空，這就是新星或超新星。

　　在超新星爆發之後，這顆恒星往往不會蕩然無存，在它的核心部分的強大引力作用下，大量物質仍然會緊密地聚集起來。強大的引力甚至大到能「壓碎」原子，把原子核外的電子「擠進」原子核中，使電子與核內的質子結合變成中子。於是，在這顆因爆發而「死亡」了的恒星的核心部分，就會出現一顆完全由中子組成的非常緻密的中子星。這也就是為什麼稱它為「中子星」的緣故。

　　中子星的體積很小，它的直徑只有幾十公里左右，但是它的密度卻大得驚人。我們知道，水的密度是一立方公尺一噸，即一克／立方公分。鐵的密度為7.9克／立方公分，金的密度為19.3克／立方公分。中子星呢？「克／立方公分」的單位太小了，它往往要用「噸／立方公分」為單位。中子星的密度可達1億噸／立方公分。這有多大呢？從中子星上取下一個小胡桃大

小的質量，要拖動它就要用幾萬艘巨輪。相比之下，如果將地球壓縮成像中子星一樣的密度，它的直徑就不是一萬兩千七百四十公里，而只有一百多公尺了，甚至可能還要小。

中子星的自轉快得驚人，每秒可達幾十轉。

中子星的溫度也是高得驚人。它的表面溫度可達攝氏一千萬度，中心溫度比太陽的中心溫度還要高出幾百倍，可達幾十億度。

中子星的壓強也大得驚人。它的中心壓強為十億億億帕斯卡（pascal），而地球中心的壓強只有三千億帕斯卡，可見二者差距之大。

中子星的磁場也是強得驚人，差不多是地球兩極磁場強度的一萬億倍；太陽黑子的磁場也高得驚人，但與中子星相比，也只有後者的　億分之一。

太陽每時每刻都在輻射能量，到達地球的能量只有它的輻射的二十二億分之一，這一點能量已夠地球用的了。中子星輻射的能量更是大得驚人，為太陽的百萬倍以上。不過太陽消耗的是核融合能，而中子星消耗的是它快速旋轉所依賴的自轉能量，並將自轉能轉變成電磁輻射或高能粒子輻射出去，就是我們接收到的脈衝。理論研究表明，有些中子星可輻射一束很窄的脈衝。形象地說，中子星輻射脈衝就像一座旋轉著的燈塔，如果這座「燈塔」並不正對著地球，我們是接收不到這些脈衝的。中子星也並不總能輻射脈衝，由於它的能量不斷消耗，旋轉的速度會不斷變慢。當它的能量消耗殆盡時，它就不輻射脈衝了。這就像我們玩抽陀螺，剛抽起來的陀螺旋轉得很快，陀螺與地面的摩擦不斷地消耗陀螺的能量，直到陀螺停下來。

9.2 「蟹狀星雲」的傳奇

由於脈衝星是超新星爆發後產生的「遺跡」，可能有人會問，誰見過超新星爆發嗎？回答是肯定的，但這樣的機會是很少的。我們的祖先就抓住了這樣的機會，並對這些超新星爆發的情況做了認真的記錄。在這些超新星爆發的事件中，有一處遺跡最有名——「蟹狀星雲」。

「蟹狀星雲」是英國天文愛好者畢維斯（John Bevis）於一七三一年首次發現的一個「霧團」，四十年後，梅西耶（Charles Messier）在他編製的星表中把這個星雲排在第一，記為M1。一八八四年，英國的業餘天文學家羅斯（Rosse）伯爵用一點八公尺望遠鏡對M1進行觀察，由於那隱隱的絲狀物像螃蟹腿，所以將這「霧團」稱作「蟹狀星雲」。

此後人們仍不斷對「蟹狀星雲」進行觀測。一九二一年，一位天文學家將相隔十二年的「蟹狀星雲」照片進行對比，他發現，這團星雲好像在不斷地擴張，這引起一些天文學家的注意。後來一些天文學家還證認，這個星雲就是九百年前中國人記錄的「天關客星」。

「天關客星」是北宋時期觀察到的一顆超新星，並被司天監

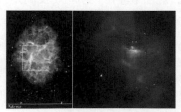

圖9-1 蟹狀星雲

官員楊惟德記下來。這裏的「天關」是古代的星名，是金牛座ζ星；「客星」是中國古代對新星和超新星的稱謂，但有時也指彗星。在史書中的描述是，這顆突然出現的「客星」，「晝見如太白，芒角四出，色赤白」。它的亮度很高，在白天也能看見它；它像金星（古人也叫它「太白」）一樣，光芒四射，星光呈紅白色。這樣持續了二十三天，後來的亮度降低了，直到將近兩年的時間才逝去。史書上準確地記載了超新星的爆發年──北宋至和元年，即西元一○五四年。六百年後，戴維斯在這裏看到了一個霧團。由於楊惟德的準確記載，爲今天的超新星研究提供了依據。爲此，有人建議，將這顆超新星叫做「中國新星」。

一九四八年，人們用射電望遠鏡觀測，發現金牛座A是一個射電源；一九六四年又發現「蟹狀星雲」是一個強X射線源，一九六八年發現它還是一個強γ射線源（後來又證明它是最強的γ射線源）和弱紅外源。當時蘇聯著名天文學家和「蟹狀星雲」研究專家什克洛夫斯基在美國訪問，他與美國同行「打賭」（這是科學家常常「比賽」洞察力或運氣的一種方式），「賭金」是一美元對一盧布。「打賭」的內容是：什克洛夫斯基認爲「蟹狀星雲」中只有一顆脈衝星。一九六九年，美國天文學家觀察到，「蟹狀星雲」內確實有一顆一閃一滅的脈衝星，且是一顆閃爍得很快的星體。這是第一顆被觀察到的發可見光的脈衝星。

「蟹狀星雲」現在仍是科學家的一個非常重要的「天然」實驗室。什克洛夫斯基還大膽地預言：「蟹狀星雲」中的脈衝星一定在輻射「引力波」。這是眞的嗎？但解決這個問題肯定是非常困難的！

專欄：中國人的完整記錄

從東漢到今天，在銀河系共發生了九次超新星爆發，中國人的記錄是完整的。這些材料成了今天天體物理學研究超新星遺跡的重要依據。

年代（西元紀年）	位置（星座）	星等	裸眼可見時間
185	半人馬	-8	20個月
386	人馬	?	3個月
393	天蠍	-1	8個月
1006	豺狼	-9.5	數年
1054	金牛	-5	22個月
1181	仙后	0	6個月
1408	天鵝	-3	?
1572	仙后	-4	18個月
1604	蛇夫	-2.5	12個月

按照一般的看法，一個星系中，大約每一千年發生三次超新星爆發。中國人的記錄都是銀河系內發生的超新星爆發現象，因為裸眼一般是無法看到銀河外星系超新星爆發的現象的。但也有例外，一九八七年春天，在大麥哲倫星雲中發生了一次超新星爆發現象，人們用裸眼看到了它。

9.3 奇異的黑洞

今天，我們在書刊、電臺和電視臺中可以經常看到「黑洞」這個詞。由於它那奇妙的性質，談到它時，人們表現出了濃厚的興趣。

我們知道，發射人造衛星要達到或超過每秒八公里的速度，這樣才可使衛星像月亮一樣環繞地球旋轉。當衛星的速度達到或超過每秒11.2公里，它就能擺脫地球的引力而「自由」了。這時，它的名字應叫「人造行星」了。然而，它要真正獲得「自由」，它就要達到每秒16.7公里。這時太陽的引力也無法束縛它，它可以飛向廣袤的宇宙空間。

這些說法只是針對太陽來說的，如果太陽更大些，太陽的引力就會更大些，物體逃脫它的引力就更困難了。早在一七八三年，英國天文學家米切爾（J. Michell）就注意到，當恆星質量非常大時，光線也無法逃脫它的「引力」，而只能在它的周圍繞轉。然而，在外界的人來看，這顆恆星就是全黑的。米切爾還就當時的知識水平進行了計算，計算出黑洞的質量。遺憾的是，米切爾的研究並未受到世人的注意。

一七九六年，著名的法國科學家拉普拉斯（Pierre Simon Laplace）根據牛頓的引力理論預言了黑洞的存在。他指出：「一個密度如地球、而直徑為兩百五十個太陽的發光恆星，由於其引力的作用，將不允許任何光線離開它。由於這個原因，宇宙中最大的發光天體也不能被我們看見。」拉普拉斯將這種天體稱作「黑暗的一團」。

米切爾和拉普拉斯的黑色恆星是無法檢驗的，因此，它不

久就被人們遺忘了。二十世紀，愛因斯坦提出新的引力理論之後，人們才重新提出這種「黑暗」天體的問題。在一九六七年十二月，研究黑洞理論的物理學家惠勒（John Wheeler）給它起了一個有趣的名字——黑洞。

當愛因斯坦提出新的引力理論——廣義相對論，那令人生畏的數學使許多人都避而遠之，更何況當時正在進行第一次世界大戰。不過也有例外，在德國與俄國交戰的前線上，有一位正在炮兵服役的德國科學家，他的名字叫史瓦西（Karl Schwarzchild）。

史瓦西雖身在前線服役，但思想仍在物理學的領域馳騁。他開始研究廣義相對論。當他瞭解了愛因斯坦的廣義相對論之後，他發現了一種密度極高的恒星，即在半個世紀後被惠勒稱作「黑洞」的天體。史瓦西最先利用廣義相對論研究黑洞，所以黑洞的半徑被叫做「史瓦西半徑」。它也被稱作「視界」，這就是說，這個半徑是我們所能看到的界限，小於這個半徑的地方我們是看不見的。這也就是我們為什麼說它「黑」的原因。

由於黑洞具有極高的密度，在它周圍的引力是十分強大的。當一個物體接近黑洞時，它就會被黑洞吸引進去，並被扯碎和壓扁。這也就是黑洞很可怕的原因，並且其可怕的程度遠遠超過了人們對地獄的描述。

雖然黑洞看上去很可怕，但它的結構

史瓦西

並不複雜,使用很少的物理量就可以描述黑洞的行為了。黑洞只具有質量和電荷,不停地旋轉。其中黑洞最突出的特點是個頭不大,質量特大,所以密度極大。比如說,要使太陽變成一個黑洞,它的半徑就要從現在的七十萬公里壓縮到三公里,密度就要從每立方公尺的一點四噸增加到幾億億噸。而要使地球變成黑洞,它就被壓縮到半徑只有幾公分。被壓縮的一座山峰也只能具有一個原子的大小。為了說明黑洞密度之高,我們不妨列一表。

常見物體所形成的黑洞

物體	質量(公斤)	半徑(公尺)	史瓦西半徑(公尺)	相當的物體
原子	10^{-26}	10^{-10}	10^{-53}	——
人體	100	1	10^{-23}	——
山峰	10^{12}	1000	10^{-15}	電子
月球	10^{23}	10^7	10^{-3}	細沙
地球	10^{25}	10^7	10^{-2}	蠶豆
太陽	10^{30}	10^9	10^3	小島
銀河系	10^{42}	10^{21}	1016	——

由此可見,黑洞是一種高密度的天體。如果達到這樣高的密度,光線就會被「囚禁」在「洞」內,而且是「終身監禁」。由於黑洞的密度很高,它也被稱作「緻密物質」。

9.4 黑洞是怎樣形成的

恒星並不是永恒的,它也經歷了從生到死的歷程。

　　恒星的「生」已在兩百年前就知道了。十八世紀時的德國科學家康德和法國的拉普拉斯認爲，太陽系起源於一團「旋轉的星雲」。今天，我們知道，這星雲在收縮時會越轉越快，使星雲的溫度高達幾千萬度。這時星雲中的氫開始像氫彈一樣，不斷爆炸和燃燒，放出光芒。像這樣的燃燒可以持續幾十億年。當恒星進入晚年，它的境況就不太好了。強大的引力作用使恒星劇烈收縮，這種收縮還伴隨著恒星劇烈的升溫，最後是「砰」的一聲爆炸。

　　一般來說，以太陽質量爲單位，如果恒星質量小於太陽質量的兩倍，它會變爲一顆中子星，有的中子星還能輻射脈衝，所以也叫脈衝星；如果恒星質量大於太陽質量的兩倍，它會變爲一顆黑洞。

　　黑洞具有強大的引力作用，但是這種引力並不是不變的。物體離黑洞越近，引力越大。就像我們站在地球表面，腳部受到的引力要大於頭部受到的引力，但二者差別很小。它們的差值只出現在小數點後第十位上。接近黑洞時也是這樣，但差值卻大得驚人。對於一個質量約爲十個太陽質量的黑洞，它的史瓦西半徑約爲三十公里。當我們到達距黑洞四百公里的高空時，我們頭部與腳部的引力差足以將我們撕成碎片，所以我們是無法接近黑洞的，更不要說深入其中了。

　　假如我們可以不受引力作用而進入黑洞，我們會驚奇地發現，黑洞內並不黑。原因是，在黑洞的中心（即半徑接近零處，這個點叫做「奇點」或「奇異點」），物質都被無限地壓縮，時空也被無限地彎曲而「凍結」。黑洞內倒是空蕩蕩的。但進入黑洞的光線並未被輕易制服，而在洞內打轉轉。光線把黑洞內照得明晃晃的。

不但黑洞內不黑，黑洞在外面有時也能發出一些資訊。這就使科學家起了給黑洞拍照的念頭。

　　黑洞不發光，怎樣給黑洞拍照呢？

　　在宇宙中，有一種恒星系統像我們的太陽系，中心是恒星，周圍是圍繞中心恒星旋轉的行星。還有一種恒星系統是雙星系統，這兩顆恒星相互環繞著運行。

　　在這種雙星系統中，如果有一顆是看不見的黑洞，看上去彷彿是一顆單個恒星，但它會像一個雙星系統相互地環繞。也就是說，這顆「單個」的恒星有公轉的周期。令人欣慰的是，天文學家在距我們一萬光年的地方——天鵝座，發現一顆編號為X-1的雙星系統。其中一顆是藍色的高溫巨星，另一顆看不見。

　　經過計算發現，藍色星的形狀已被黑洞的引力拉成了一個尖嘴的「梨」形。它的物質從「梨」的尖部向黑洞流去。這些物質並不以直線方式奔向黑洞，而是沿一條螺旋形的路徑逼近黑洞。這樣的路徑看上去像一個「盤」，並被稱作「吸積盤」。當這些物質逼近黑洞時，它們的速度不斷增加，以致接近於光速。

　　當物質不斷旋轉，粒子之間不斷摩擦和碰撞，同時溫度也不斷升高。這時處在吸積盤內的物質會輻射出電磁波。當接近黑洞時，物質還會輻射出X射線。我們為這種雙星系統輻射出的X射線拍照是沒有問題的。當然這並不是說為黑洞拍照是很容易的事，而且我們對黑洞的研究還不夠深入。對黑洞的更深入研究是二十一世紀科學家的事情，將來我們會對黑洞有更全面的認識。

What

Is

Physics?

10.對稱與統一的夢想

關於鏡面對稱，初唐大作家王勃寫了一篇〈滕王閣序〉，在描寫秋天的景色時寫到，「落霞與孤鶩齊飛，秋水共長天一色」，極爲傳神，爲千古名句。可是要從純粹光學的角度來看，只是一個鏡面反射的現象。當然，作家觀察景色的細微也著實令人佩服。

10.1 李政道通俗說對稱

在二十世紀的科學發展中，作爲一種科學觀念和科學方法，關於「對稱性」的認識比以前已大爲改觀了。然而大眾對對稱性有多少認識呢？

其實在古代，人們就已注意到「對稱性」，例如古代的太極圖就是關於認識對稱的一個極好例證。作爲文字遊戲，「對稱性」也滲透其間，著名科學家李政道在參觀陝西省西安博物館以其特有的敏感，注意到漢代竹簡上書的左和右兩個字。其中的「右」字被寫成「叿」，與左字正好是符合鏡面對稱的像。爲此李政道還特地賦詩一首：

漢代「叿」係鏡中左，

近日反而寫為右。

左右兩字不對稱，

宇稱守恒也不准。

詩的大意是說，人的左手和右手是滿足鏡像對稱的，古人也知道這種現象，因此漢代人將右字寫作左字的鏡中像──「叿」，後來反而寫成「右」。從字形上看，左和右兩字是不對稱的，其實不僅如此，物理學上的「宇稱」性質也是不對稱的，

而這種不對稱首先是被李政道和楊振寧所發現的。

實際上，不只是漢字中的左和右，不按對稱的形式來寫，英語中"right"和"left"也不寫成對稱的形式。

關於對稱的重要性，隨著自然科學的發展，人們對於物質世界的對稱性認識得更加深入了。對稱性已成爲一種思維的方法，被一些科學家熟練地運用著。像德布洛意在提出物質波的設想時，他考慮的是要維護「波粒二相性」的完整性，即光具有的性質，一般物質也應具備。同樣，薛丁格建立波動力學，也是從傳統理論中的一些原理，推出量子力學的基本方程（薛丁格方程）。愛因斯坦和狄拉克更是運用對稱性方法的高手，在建立相對論和探詢反物質世界的研究中取得了重要的成就。

總結來看，對稱帶來一種規整和均衡的結構，並且表現出一種和諧的氣氛。這形成了一種文化傳統，最初它滲透在建築、圖案設計、文字遊戲之中，爲了深掘自然界內部的對稱，數學家與科學家更是大有作爲。人們認識到晶體結構中美妙的對稱，原子內部世界的對稱。粒子物理學家手中的一個基本工具就是對稱，藉此揭開自然界內部的對稱結構，並且在探詢各種作用力的統一性時，對稱成爲一種有力的工具。這種對稱常常成爲科學家藍圖中的基本要素，甚至科學家在探詢過程中，對稱也是一種基本的方法，已不再是透過簡單地設計一個又一個實驗去找出粒子世界內部的奧妙。

10.2 最偉大的女數學家

諾特（Amalie Emmy Noether）的家庭是一個有數學研究傳統的家庭。她的曾外祖父雖然經商，但經常把業餘時間花費在

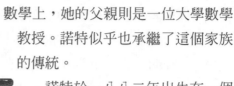

數學上，她的父親則是一位大學數學教授。諾特似乎也承繼了這個家族的傳統。

諾特於一八八二年出生在一個猶太人的家庭。少女諾特雖長得平常，可功課非常好，高中畢業時她還取得了教師的資格。但諾特並不滿足，而是走上了一條非常艱難的數學研究的道路。

在二十世紀初，女學生上大學已屬鳳毛麟角，學數學的就更加稀少了，由於社會上有一些人對女學生學數學有偏見，這對諾特產生了很大的壓

● 諾特 ●

力。面對這些壓力，諾特只有發奮學習，把許多業餘時間都用在學習上。她所作的筆記和使用的演算與推導草稿往往要比別人多出幾倍。經歷一番刻苦鑽研，使她在現代數學的一些主要分支上都打下了堅實的基礎，更決定走上數學研究與探索之路。就在此時，父親的一位同事，一位著名的數學家引導諾特走進了數學的「象牙塔」。他悉心指導諾特，使諾特得以全身心地投入了數學的事業。

在最初的幾年研究中，諾特的成果便引起了一些大數學家的注意。儘管由於當時社會的偏見，使女性科學工作者很難進入大學講堂，但在德國著名科學家希爾伯特（David Hilbert）的幫助下，還是在哥廷根大學開設了一些高深的數學課程，並在現代數學的發展中做出了重要的貢獻。特別是，在大學形成了一個以諾特為中心的小組，這個小組的成員來自世界上好幾個

國家，因此對促進世界各地的數學研究作出了貢獻，並且也使哥廷根大學成為世界代數學的研究中心。

一九三二年，在國際數學家大會上諾特做了一小時的報告，受到與會者的普遍讚譽。遺憾的是，一九三三年由於納粹的排猶政策，諾特只得離開祖國，移居到美國；更為遺憾的是，在一九三五年，因手術失誤，使諾特意外過世。這使數學界蒙受了巨大的損失，作為歷史上傑出科學女性之一，她值得世界永遠懷念她。

在二十世紀物理學的發展中，諾特也做出了同樣出色的貢獻。關於對稱性的分析，諾特提出了一條很重要的定理。她認為，某一種物理量如果是守恆的，它就對應一種連續的對稱性，並且物理量在這種對稱變換下保持不變。這樣，對稱與守恆就被聯繫在一起了。諾特的這個看法對物理學的發展是極其重要的，對物理學家對微觀世界的探索產生了重大的作用。正像有的科學家所說，如果以前確定守恆的物理量要靠一些猜測、要靠艱苦的一遍遍實驗，現在有了諾特定理就可以看清楚物質世界內在的對稱性，在這種對稱變換下找到一個不變數，就能找到對應的守恆定律。也就是說，物質運動規律在某一種變換下，與守恆定律是必然地聯繫在一起的。這就是物理學上的一條重要定理——諾特定理的內涵。這條定理也可寫作：「如果物理規律在某一不明顯依賴於時間的變換下具有不變性，必相應存在一個守恆定律。」

當科學家審查物理學定律時，會驚奇地發現，這些定律——更明白地說是守恆定律，在現代物理學的發展中仍然發揮著重要的作用。

10.3 再談物與像的學問

　　從李政道的詩中可以看出，這位大師好像對於世界的對稱性有特殊的敏感。這話是不錯的，李政道在科學上贏得的一大名聲就是與對稱相關的。這就是一九五六年他與楊振寧合作進行的宇稱不守恒的研究。

　　李政道提到的「宇稱」是什麼呢？宇稱是二十世紀二〇年代科學家分析鐵原子光譜時，發現的一些有趣現象。這時匈牙利科學家維格納（Eugene Paul Wigner）對這種現象進行分析後，提出了宇稱概念。有兩種不同的宇稱：偶宇稱和奇宇稱。

　　宇稱也對應著一種對稱，按照諾特定理的要求，宇稱守恒對應著一種變換，它應在這種變換下保持不變。如何說明這種變換呢？宇稱是粒子物理學中的重要概念，並不對應我們常見到的自然現象，只能用數學的語言來表達。但是做為一種比喻，我們可以用鏡像關係來說明。

　　在鏡像關係中，鏡與像是一模一樣的，我們很難區分哪個是真物、哪個是假像。我們從一些電影故事看到過，黑幫頭目挾持人質，站在一面鏡子之前，使無經驗的警察難以分辨物與像。這種鏡像關係所具有的變換被物理學家稱做空間反演，其對稱性就叫做左右對稱性。這樣我們就可以說，物理規律與現實世界中的物方和像方是無關的；也就是說，我們無法利用物理規律判斷某一過程是在物中還是在像中進行的。正是由於這種對稱性，物與像是一致的。

　　一般來說，宇稱是比較簡單的物理量，它只能取 +1 和 -1，分別對應於偶宇稱和奇宇稱。各種微觀粒子，不具有偶宇稱，就具有奇宇稱。確定幾個粒子的併合宇稱性是比較簡單的，就

像偶數加減偶數還是偶數，對應的偶宇稱與偶宇稱的併合宇稱還是偶宇稱；奇數加減奇數也是偶數，對應的奇宇稱與奇宇稱併合也是偶宇稱。此外還有，偶宇稱與奇宇稱併合、奇宇稱與偶宇稱併合都是奇宇稱。這樣，我們可以推斷，一個粒子是偶宇稱，它衰變之後如果變成兩個粒子，它們的併合宇稱仍爲偶宇稱；也就是說，這兩個粒子就只能要麼都是偶宇稱，要麼都是奇宇稱。反之，衰變前的粒子是奇宇稱，衰變後的兩個粒子，必須一個是奇宇稱，一個是偶宇稱。這樣，粒子在衰變前後的宇稱就是守恒的。

宇稱守恒定律被維格納提出後近三十年間，一直被當作是一條無可懷疑的定律。它在原子物理學和原子核子物理學的研究中發揮了重要的作用，如果沒有這條定律，有些粒子現象就無從分析。然而正是宇稱守恒定律的極大成功，人們便將它絕對化了。

10.4 「θ-τ 疑難」與宇稱不守恒

雖然宇稱守恒定律已成爲物理學界公認的定律之一，但在一九五三年，有些科學家注意到一些奇怪的現象。這就是 θ 介子的衰變過程與 τ 介子的衰變過程有些相似。在 θ 介子衰變過程中，它生成一個正 π 介子和一個中性 π 介子；τ 介子衰變後，它生成二個正 π 介子和一個中性 π 介子。經過測量後發現，由於 π 介子具有奇宇稱，θ 介子具有偶宇稱，所以 θ 介子和 τ 介子具有不同的宇稱，他們應該是不同的粒子。然而 θ 介子和 τ 介子卻具有相同的質量和壽命，又好像是同一介子。那 θ 和 τ 是同一種粒子嗎？一時還難以回答。這就是「θ-τ 疑難」。

　　為瞭解決這個疑難，一九五六年在紐約羅徹斯特召開了一次學術會議，年輕的旅美中國物理學家李政道和楊振寧認為，在弱相互作用下宇稱可能不守恒。大家對此展開了熱烈的討論，這些討論對李政道和楊振寧有很大的啟發。會後他們決定合作研究這個「疑難」。

　　他們開始重新審查有關宇稱守恒的一切實驗情況。透過認真的分析，他們發現，在強相互作用和電磁相互作用下，宇稱守恒定律得到了強有力的支持；但在弱相互作用下，似乎沒有一個實驗是支持宇稱守恒的。也許我們會問，為什麼沒有早一些發現弱相互作用下宇稱不守恒呢？這主要是，並非什麼情況下都要分析宇稱的，而且在實驗中大家誤以為宇稱必定是守恒的，也就沒有單獨測量宇稱的量。這樣，在羅徹斯特會議後不久，李政道和楊振寧提出了一個重要的見解，在弱相互作用下，宇稱守恒遭到了破壞。

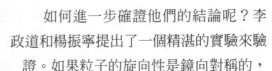

　　如何進一步確證他們的結論呢？李政道和楊振寧提出了一個精湛的實驗來驗證。如果粒子的旋向性是鏡向對稱的，就說明其宇稱是守恒的，反之宇稱就是不守恒的。他們建議了一個很具體的實驗方案，即先將原子核極化，這時的原子核是整齊地排列的，而後透過 β 衰變產生的電子運動方向來進行鏡向對稱的分析。

●李政道●

10.5 物理學界的「第一夫人」

在提出有關宇稱的分析之後，李政道找到了同在哥倫比亞大學的華裔物理學家吳健雄，跟她講到 β 衰變的實驗，以及對宇稱是否守恆的「判決」。當時，吳健雄正要與她的丈夫一起外出參加一些學術活動，由於關係到驗證宇稱是否守恆的 β 衰變實驗太重要了，她只得作罷。

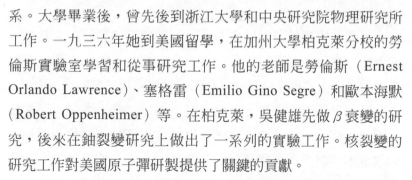

● 吳健雄 ●

吳健雄於一九一二年出生在江蘇太倉。在蘇州師範學校畢業後一年，又考入中央大學數學系，一年後轉入物理系。大學畢業後，曾先後到浙江大學和中央研究院物理研究所工作。一九三六年她到美國留學，在加州大學柏克萊分校的勞倫斯實驗室學習和從事研究工作。他的老師是勞倫斯（Ernest Orlando Lawrence）、塞格雷（Emilio Gino Segre）和歐本海默（Robert Oppenheimer）等。在柏克萊，吳健雄先做 β 衰變的研究，後來在鈾裂變研究上做出了一系列的實驗工作。核裂變的研究工作對美國原子彈研製提供了關鍵的貢獻。

由於吳健雄在放射性同位素和核裂變的研究上非常出色，她常常受邀演講一些專題報告，甚至一向以嚴肅著稱的歐本海默也說吳健雄是一位「權威專家」。由於在柏克萊的名聲，不論在科學界之內還是在科學界之外，吳健雄的工作受到了許多人物的讚賞，人們把她看作一位傳奇人物，甚至把她看作是「中

國的居里夫人」，物理學界的「第一夫人」。

　　從一九四二年起，吳健雄隨新婚不久的丈夫去了美國東部城市。兩年後她到哥倫比亞大學作研究工作。在這裏她首選的是 β 衰變的研究。她的研究是在邁特納、庖利（Wolfgang Pauli）和費米等人的研究基礎上進行的。為了解決理論與實驗之間的差別，吳健雄以其高超的實驗技術最終獲得了精確的實驗結果。在此之前，甚至像費米這樣的實驗大師也未能做到。由於吳健雄的精確研究，使她成為 β 衰變方面的權威。特別是，她的精確實驗使她獲得了極高的聲譽，以至於人們常說：「如果這個實驗是吳健雄做的，那麼就一定是對的。」

　　因為吳健雄在 β 衰變研究上的成績，正在哥倫比亞大學工作的李政道找到她，提出極化原子核的實驗中選用何種原子最合適的問題。吳健雄當即指出，最好是使用鈷-60作為 β 衰變的放射源。

　　在聽李政道談過宇稱問題之後，她認為這是一個非常重要的實驗，縱然在 β 衰變過程中宇稱是守恆的，這個實驗也是極有價值的。由此可見吳健雄具有傑出科學家所具有的洞察力。

　　這個實驗不但重要，而且做起來也是非常困難的。這主要有兩個困難，一個是要把探測 β 衰變的電子探測器放在極低溫的環境中，還要保證探測器的正常工作。另一個是要使一個非常薄的 β 放射源在極低溫度下保持較長時間，以得到足夠的資料。吳健雄還學習了有關鈷-60的知識，以及具體的低溫技術和原子核技術。此外，為了實驗，她要與美國國家標準局的同行合作。

　　在實驗時，吳健雄與她的同事要將溫度降低到攝氏零下273度以下，用絕對溫度表示，只有千分之幾K。不僅如此，還有

許多困難接踵而至，但這都被他們一個一個地克服了，直到實驗成功。他們發現，宇稱的確是不守恆的，這樣「θ-τ疑難」解決了，θ與τ是同一種粒子，為此人們就將這種粒子改稱為K介子。宇稱真的是不守恆了。正像哥倫比亞大學物理系主任拉比所說：「一個頗為完整的理論結構從根基上被打碎了，我們現在不知道怎樣把這些碎片拼湊起來。」

這的確是一件重大的事件，人們說，這個實驗就像美國科學家邁克耳遜和莫雷實驗的意義一樣。

10.6 反物質世界存在嗎？

二十世紀五〇年代，由於反質子和反中子的發現，使原子核子物理學的研究擴展到「反原子核子物理學」，並且成為一個重要的研究領域。塞格雷與張伯倫發現反質子之後，開始研究反質子與氫、反質子與氘之間的相互作用。到二十世紀八〇年代，反原子核子物理學在歐洲核子中心曾經十分活躍。

當然，反原子核子物理學的研究也有著一定的困難，這主要是如何保存像正電子、反質子等反粒子，因為反粒子一旦與正粒子相遇，就會湮滅並釋放巨大的能量。此外，儘管從現代實驗技術下，獲得正電子、反質子等反粒子並非難事，但是若將正電子與反質子構成一個反氫原子，並不是件容易的事。這是由於這些反粒子的能量太高了，同樣都是能量很大的反質子和正電子要同聚一起而「和不共處」，還真不是一件容易的事。為此，有的科學家認為，應大大降低反粒子的能量。

直到一九八九年，美國哈佛大學的一個研究小組找到了一種新方法，不但可使反質子的能量大大降低，而且可以保持十

分鐘。後來一再降低能量，以達到組成穩定反物質的能量要求。

一九九五年九至十月間，在歐洲核子研究中心反質子加速器上，科學家把速度極高的反質子束射向氙原子核，獲得了反氫原子，使反物質研究前進了一大步。

所謂反氫原子，就是一個反質子與一個正電子結合而成的反原子，其中的正電子圍繞著反質子旋轉。在實驗中，經過十五小時的累計，共記錄到九個反氫原子存在的證據，但是反氫原子的壽命只有四百億分之一秒。

反氫原子的製取成功，使人類對反物質的認識，從微觀的反亞原子粒子提高到反原子的層次，為將來進一步提高到反分子的水平提供了一定的基礎。一些科學家甚至對宇宙中的一個生動的反物質世界已開始憧憬。例如，狄拉克在獲取諾貝爾獎的講演中最後講到反物質構成的星球，「這些星球可能主要是由正電子和負質子構成的。事實上，有可能是每種星球各占一半，這兩種星球的光譜完全相同，以至於目前的天文學方法無法區分它們」。

也許反物質星球可能還經歷了與我們地球類似的演化，也存在反動物、反植物、反微生物……但是它們的習慣動作與我們可能正相「反」。以至於著名的美國科學家費曼（Richard Phillips Feynman）說：「如果在宇宙空間中，從遠方飛來一艘船，船上的宇宙人向你伸出了他的左手，你可要當心，很可能他是由反物質構成的！」

當然，這話聽起來有些駭人聽聞，但是要瞭解反物質的文明那還是遙遠的事情，因為關於反物質的知識只是從那九個反氫原子中得到一點點兒，還有許多東西要科學家做更深入的探

索和研究。

10.7 為什麼宇宙中沒有反物質

關於宇宙的含義，它首先是由物質構成的，其次它是逐漸演化成今天的樣子的。那宇宙為什麼不能由反物質構成呢？或者說，宇宙能不能像太極圖那樣，一邊為（正）物質，一邊為反物質呢？

為了解答這些問題，我們的話題還要擴大一些。一般來說，大爆炸宇宙學幾乎解釋了今天宇宙的這個樣子，並且大爆炸學說的一些預言也獲得了證實，如宇宙微波背景輻射的溫度和「漲落」。在大爆炸後約萬分之一秒時，當時的正重子數、反重子數和光子數都是一樣多的，或者說，正重子數與反重子數嚴格相等，而宇宙壽命超過萬分之一秒時，正物質與反物質發生「火拼」，兩種粒子相互湮滅、抵消，以致今天的宇宙空無一物。當然這與今天宇宙的實際情況是矛盾的，並且說明宇宙最初的正反物質重子數並不嚴格相等。

正反重子數相差多少呢？據推算，二者相比約為 1：0.999999999，或者說，物質與反物質的相對差值只有0.0000000001。可就是這一點點差別，使反物質徹底地湮滅掉。這種情況與狄拉克關於宇宙的對稱性假設也就有了一點點差別，看樣子偏愛對稱性的狄拉克也犯了一點點錯誤。

其實，我們看到的一些對稱也是要打些折扣的，例如，人體肢體左右就存在一定的不對稱。人體的右側比左側要略重一些，此外，我們的右側腦半球控制左側肢體的感覺和運動，而左側腦半球控制右側肢體的感覺和運動。更為有趣的是，由於

人腦左右分工的不同，左腦掌管著邏輯思維和抽象思維，掌握著語言的功能；右腦主要接受非語言的材料，像聲音、節奏、圖形的感知，以及形象思維。這種功能上的區分在支配肢體運動時就會出現某些不對稱的因素。像上面所發現的人體右側要略重一些，可是人體的重心卻在左側。從人體的站姿也可以看出來，當人體站立、兩腳並攏時，左腳接觸地面的面積比右腳要大些。由此可以斷定，左腳是人體重心的主軸，起著支撐人體的主要作用。這樣，左腳就有「支撐腳」之稱。右腳雖不是主要承擔支撐的作用，但在調節姿勢和運動上有主要作用，因此右腳有「運動腳」之稱。

更有趣的是，左右腳分工上的差別使人的行為產生了一定的方向性。日本研究人員經過測試發現，當危險出現在正前方、正上方、左前二十度、右前二十度，人們躲向左側者要多於躲向右側者二倍。這就是右腳發揮的「運動腳」功能，它對突發的危險做出反應時，其力量要大於左腳。

對於左右腦功能上的差別，使一些難以理解的現象得到了解釋，如人們對夢境會很快地淡忘。有些研究人員認為，夢境的展示是以形象為主，主要為右側大腦的功能。對於這種非語言性的體驗，若以左側大腦的語言功能來解釋或翻譯這些夢境，有一定的困難，特別是許多夢境都帶有怪誕和不合邏輯的色彩，因此大部分夢境往往是「難以解釋」和「令人費解」的，並且很快就會被遺忘。可見人們的行為和思維多少也存在一些不對稱的現象。這說明不對稱現象也是較為普遍的。

一般來說，右利手（慣用右手）為左腦支持，左利手（俗稱「左撇子」）為右腦支持。作為右利手和左利手的不對稱更加明顯，左撇子很少，儘管其中社會環境和文化背景都不利於左撇子是一個主要原因。不過單從左撇子來看，其中也有一半左

撇子並非爲右腦支持，而是優勢腦半球在左側。

這些不對稱的現象應是很普遍的，並且也是不容易解釋的。

從宇宙演化來看，反重子數與重子數的不對稱看來也不應是令人奇怪的。從今天的角度看，正是這種不對稱，使人類生存的環境演化出來了，使人類得以生生不息。

從今天來看，粒子世界也存在不守恒的現象，人類沒有必要對此感到驚奇。我們生存的世界並不是那麼對稱的，從今天的發現可知，宇宙的進化是對稱加殘缺的過程。宇宙演化的過程與科學家追尋統一的過程正好相反。科學家逆其演化的進程，正是爲了研究宇宙中各種相互作用爲什麼產生了殘缺，怎樣破壞了原有的對稱局面的。

10.8 統一的夢想

在建立廣義相對論之後，除了在現代宇宙學的發展上進行了一些開拓性工作，愛因斯坦又啓動了一個龐大的「工程」。這就是「統一場論」。

所謂統一場論是將當時已經比較成熟的兩大物理學分支——引力理論和電磁場理論——統一起來。在這兩大分支中，引力理論經過克卜勒和牛頓的努力，建立起以萬有引力定律爲中心的理論。牛頓的引力理論可以解釋哥白尼的日心體系，以及彗星的軌道，甚至預言了海王星的存在，它不像天王星是在茫茫太空中像大海撈針一樣發現的。海王星的發現表明牛頓引力理論大廈的完美性，其中美妙的宇宙構造已可以爲人們深刻地理解和盡情地欣賞。

　　電磁場理論是在十九世紀科學發展中的重要成就，從奧斯特發現電流的磁效應到法拉第發現其逆效應的電磁感應，直到麥克斯威爾建立電磁場理論。後經電磁波實驗驗證成功，電磁場理論大廈與引力理論大廈同樣完美。然而，十九世紀下半葉，邁克耳遜實驗的結果和電磁場理論內部的不和諧性都使電磁場理論大有改進和發展的必要。

　　同樣的情況也出現在引力理論之中，如水星軌道並不封閉，而是有一種叫做「進動」的現象出現，這樣引力理論的改進和發展也是必要的。

　　對電磁場理論和引力理論的發展，愛因斯坦有了突破性的貢獻，並且分別建立了狹義相對論和廣義相對論。然而，愛因斯坦並不認為已完成任務了。

　　愛因斯坦認為，相對性原理是普遍的。狹義相對論把古典力學的基礎與電磁學理論的基礎統一起來，廣義相對論再次擴大相對性原理，並把牛頓引力理論作為一種近似被吸收在廣義相對論中。下一步的工作很自然地就應將引力相互作用和電磁相互作用統一起來。不統一，引力場和電磁場就要分成兩個理論，愛因斯坦對此是不滿意的。由於廣義相對論是關於引力場的理論，並未將電磁場包含進來，為此，如果狹義相對論、廣義相對論為理論發展的兩個階段，那麼將引力場與電磁場統一起來就是理論發展的第三個階段。在第三階段就是推廣相對論，以建立一種統一理論，即統一引力場和電磁場理論，稱做統一場論。

　　不過，從一九二三年到一九五五年（愛因斯坦去世），在三十多年的時間中，愛因斯坦和一些科學家提出了一些統一的方案，甚至在愛因斯坦的研究重點都傾注其中，但結果並未實現

統一的夢想，以致他在去世前說道：「我完成不了這項工作了，它將被遺忘，但是將來會被重新發現。」此外，在二十世紀五〇年代，海森堡也試圖建立統一基本粒子的理論，經過十年的努力，最後也失敗了。由於他們的失敗，科學界出現了對「統一」的懷疑，代表的言論是庖利的觀點，他認為，「上帝拆散的東西，凡人永遠結合不上」。他還在一封信中寫到：「這段時間以來，我給自己訂了一條，如果一位理論家奢談何謂『普適』，那就純粹是胡說八道。」遺憾的是，庖利錯了。

統一場論未能建立起來，這不僅是愛因斯坦個人的遺憾，而且也是科學家的遺憾，因為這個時期的量子科學、原子核子物理學和粒子物理學形成了一股科學發展的洪流，愛因斯坦卻遠離這股潮流，埋頭於統一場論的研究。德國科學家玻恩曾對此感慨道，愛因斯坦獨步於統一場論，遠離於科學發展的潮流，使科學家失去了領袖和旗手。

10.9 雛鳳清於老鳳聲

二十世紀三〇年代，由於人們對原子核結構的研究，發現原來對相互作用的認識又有了擴展，宇宙間並不是只有電磁相互作用和引力相互作用，微觀世界中還存在強相互作用和弱相互作用。這兩種相互作用的作用範圍非常小，或者說它們的力程很短，因此被稱做短程力。引力相互作用和電磁相互作用都是長程力，因此

●楊振寧●

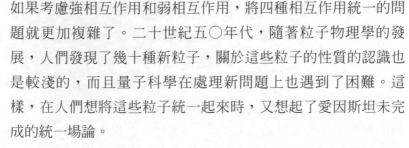

如果考慮強相互作用和弱相互作用，將四種相互作用統一的問題就更加複雜了。二十世紀五〇年代，隨著粒子物理學的發展，人們發現了幾十種新粒子，關於這些粒子的性質的認識也是較淺的，而且量子科學在處理新問題上也遇到了困難。這樣，在人們想將這些粒子統一起來時，又想起了愛因斯坦未完成的統一場論。

在五〇年代的研究中，楊振寧進行了初步的嘗試。他與美國同事米爾斯合作，在對相互作用的研究中，他們提出了一種新的研究方向，提出了一種新的「場論」。這種新的場論叫做規範場論，由於是楊振寧與米爾斯提出的，因此這種場也被稱做楊—米爾斯場。

楊振寧是安徽懷寧人，生於一九二二年。他的父親是著名數學家和教育家楊武之，長期從事代數的研究和教學。抗戰時期，楊振寧在西南聯合大學獲得學士和碩士學位，後赴美國留學。他在芝加哥大學曾受教於費米，後因費米工作太忙，在後來有「氫彈之父」之稱的泰勒（Edward Teller）的指導下完成了博士論文。獲得學位之後，楊振寧曾與費米一起工作過一段時間。二人一起做出的最有名的工作是費米—楊模型。這是關於粒子結構的一個模型。不久之後，楊振寧來到了普林斯頓高級研究院。這時他與哥倫比亞大學李政道有過一段時期的合作研究，取得了許多佳績，其中最有名的是關於宇稱不守恒的工作，並使他們一起獲得了諾貝爾物理學獎。楊—米爾斯規範場理論是粒子物理學的基礎理論之一。後來，楊振寧與巴克斯特（R. Baxter）於一九七二年提出楊—巴克斯特方程式。連同楊—米爾斯規範場理論和宇稱不守恒理論，這是楊振寧具有世紀水準的三項成就。

楊振寧在普林斯頓的早期，愛因斯坦也在此，但已退休。不過愛因斯坦還是每日照常到辦公室。據說，愛因斯坦瞭解到楊振寧的一些研究工作，對他產生了興趣，就請楊振寧到辦公室一談。第一次與這樣的大科學家談話，楊振寧是很緊張的，加上愛因斯坦的英語帶著濃重的德語味道，使他很難聽懂愛因斯坦講話的內容，以致當他從愛因斯坦辦公室出來後，同事問他，楊振寧竟講不出與愛因斯坦交談了些什麼內容。

　　楊振寧的規範場論採用的數學是當時人們認為是較為高深的群論，當時許多人認為，這個規範場論與愛因斯坦的統一場論差不多，難以理解。然而，在二十世紀五〇年代新成長起來的年輕科學家並不懼怕群論，並且很快就掌握了這種新的數學工具。同時，由於粒子物理學的快速發展，人們對強相互作用和弱相互作用也有了更深入的理解，對愛因斯坦的統一途徑也有了更好的把握，人們認識到，直接將引力相互作用與電磁相互作用統一起來是行不通的。在楊－米爾斯場的啟發下，人們逐漸認識到，應從弱相互作用和電磁相互作用的統一入手。

10.10　初次的成功

　　最初的關於弱相互作用與電磁相互作用統一（簡稱「弱電統一」）的工作，是格拉肖進行的。他在一九五八年完成博士論文時就提到弱電統一的思想。他主張應以楊－米爾斯規範理論為基礎。為此格拉肖還在英國作了一次關於弱電統一的報告，聽眾中有一位年輕的巴基斯坦學者，名叫薩拉姆。他也在研究弱電統一問題。此外還有格拉肖的同學溫伯格（Steven Weinberg）。

　　格拉肖最重要的工作是於一九六一年關於弱相互作用與電磁相互作用統一的工作，他將量子理論與楊－米爾斯規範場聯繫在一起，從此拉開了弱相互作用和電磁相互作用統一的序幕。後來溫伯格和薩拉姆各自提出統一弱相互作用和電磁相互作用的具體方案，其理論被稱作「WS理論」（「溫伯格薩拉姆理論」）。但WS理論仍有一些缺陷，格拉肖等人於一九七〇年提出，如果存在第四種夸克（c）就可以克服WS理論中的困難。關於弱電統一的問題，溫伯格是在二十世紀六〇年代中期進行的，並於一九六七年完成，就在這時，薩拉姆也獨立地提出了相似的理論。

　　溫伯格和薩拉姆提出的方案中，將電磁相互作用的規範粒子（光子）與弱相互作用的規範粒子（W⁺、W⁻、Z⁰）聯在一起，使研究各種相互作用的統一問題走上正確的道路。薩拉姆在一九五八年聽格拉肖的報告時，發現格拉肖的研究中的一個小錯誤。這使薩拉姆注意到弱相互作用與電磁相互作用的統一問題，並且在溫伯格之後獨立地建立新理論。薩拉姆還注意到發展中國家許多年輕有爲的理論物理工作者面臨的困難，爲了培養有前途的年輕人，他在義大利東北部的德里雅斯特創建了國際理論物理研究中心。

　　將電磁相互作用和弱相互作用統一起來並不是一件容易事，二者相差十萬八千里。比如，對於宇稱守恒定律，在電磁相互作用下是成立的，但在弱相互作用下就不成立了。這樣的困難還有很多，人們在研究中出現的錯誤也不少。在不斷的研究中，人們還是找到了兩種相互作用共同的東西，即傳遞這兩種相互作用的微觀機制是一樣的，它們都要靠媒介粒子的交換。它們分別是傳遞電磁相互作用的光子，傳遞弱相互作用的

W⁺、W⁻、Z⁰，這四種粒子都是同種粒子，它們應存在「血緣關係」。

光子是人們熟悉的，但傳遞弱相互作用的三種媒介粒子並非人們所熟悉的。不過，弱電統一的方案是非常漂亮的，許多人都鍾愛它，連諾貝爾獎基金會的人都有濃厚的興趣。雖然還未從實驗中找到這三種媒介粒子，格拉肖、溫伯格和薩拉姆還是一起獲得了一九七九年的諾貝爾物理學獎。當時格拉肖還開玩笑道：「諾貝爾獎委員會是在搞賭博啊！」

找到W⁺、W⁻、Z⁰的是義大利科學家魯比亞和荷蘭科學家范德米爾（Simon van der Meer）領導下完成的。他們藉由歐洲核子研究中心的能量爲四千億電子伏特的質子同步加速器，利用他們設計的名叫UA1的探測器（重兩百噸、造價兩千萬美元），有一百三十五人參加的小組終於在一九八二年在幾十億次的質子與反質子碰撞中篩選出五個粒子W+、W-的事例。一九八三年又找到了Z⁰粒子。爲此魯比亞和范德米爾共同獲得了一九八四年的諾貝爾物理學獎。

10.11 重溫統一的夢想

在實現弱電統一之後，下一步的統一應是弱電相互作用與強相互作用的統一。一九七四年，喬治和格拉肖提出了大統一的理論。在這個理論中，夸克和輕子是可以相互轉化的。我們知道，重子都是由夸克組成的，如果夸克是可以轉化的，那麼重子就是可以轉化的。例如，我們認爲穩定的粒子質子就可以發生衰變（現在還未證實）。大統一理論還解釋了爲什麼在宇宙演化過程中出現物質與反物質的不對稱。此外，如果大統一理

論成功，那更加難以實現的四種相互作用的最終統一也許更加誘人。也許更大的統一已經可以納入科學家的「藍圖」之中了。

到這時，我們回想起當時「獨行踽踽」的愛因斯坦，他在攀登最後一座科學高峰時遭到了失敗的結局，在二十世紀五〇年代，也許說他「雖敗猶榮」有些過早。但今天看來，科學家的確是沿著愛因斯坦「統一」的方向前進的，從而顯示出愛因斯坦關於世界統一性思想的偉大。關於統一性思想，愛因斯坦說過，「一切科學的偉大目標，即要從盡可能少的假設或公理出發，透過邏輯的演繹，概括盡可能多的經驗事實」，「為求得邏輯上最簡單的可能性及其結論的探索」；「就是這條思路，它把我們從狹義相對論引導到廣義相對論，從而再引導到它最近的一個分支，即統一場論」。此外，從愛因斯坦的個性來看，愛因斯坦對科學的事業不僅充滿了熱愛，而且雄心勃勃，知難而進，但統一場論的研究為什麼失敗了呢？

我們知道，愛因斯坦建立狹義相對論和廣義相對論是以實驗為基礎，如廣義相對論的實驗基礎是引力質量與慣性質量的相等。統一場論則不是這樣，它缺乏實驗基礎，而主要是依賴於數學上的推導。此外，他對量子科學存有偏見，未注意強相互作用和弱相互作用，特別是在統一之路上他先選擇電磁相互作用與引力相互作用的統一之路是不正確的。

為什麼愛因斯坦在科學之路要堅持統一性的觀念呢？其實不只是愛因斯坦，從古希臘的先哲們就開始這方面的探索，像畢達哥拉斯（Pythagoras）和柏拉圖（Plato）就已注意到數學上的簡單性、數的和諧、數學美，並藉此來探索世界的統一性。後來，哥白尼、克卜勒、牛頓、麥克斯威爾，一直到愛因斯

坦，將世界統一性的認識推向一個高峰。什麼是世界統一性呢？一般來講，統一性思想可以說明世界的規律性，世界不是雜亂無章的，世界的規律應是和諧的、簡單的。這種統一性實現應體現著邏輯上的簡單性和數學上的完美性，這種完美性包含簡單性、和諧性和對稱性。其次這種邏輯上的簡單性和數學上的完美性還要與客觀世界的自然規律的簡單性和普遍性結合起來。愛因斯坦認為，如果在探索自然規律時僅限於邏輯和數學上的探索，這往往是不會成功的。愛因斯坦在建立狹義相對論、廣義相對論時正是堅持了正確的統一性思想，而在建立統一場論的研究中正好違反了早年的統一性思想，過多偏重數學上和邏輯上的完美，而忽視了理論上的經驗基礎。當然，我們沒有必要責怪愛因斯坦，他對科學和哲學上的貢獻是巨大的，能與他匹敵者實在不多。相反，不但愛因斯坦自己對科學發展貢獻巨大，愛因斯坦的觀念還對二十世紀科學家的成長和實踐產生了重要的影響，像狄拉克、海森堡和德布洛意等著名科學家就受到愛因斯坦的極大影響，特別是狄拉克堅持數學上的完美性和邏輯上的簡單性，提出許多有名的預見，表明世界統一性思想具有普遍的意義。

對稱還滲透在對自然科學的各種規律的認識中，像守恆定律中的對稱性都可以被揭示出來，對物質運動的本質也有了更深的瞭解。特別是對相互作用的統一，不僅對稱發揮重要的作用，殘缺也具有重要的價值，對未來科學的發展具有極大的意義。一般來說，今天對於科學美的認識並不局限在對稱，而是對稱加殘缺，即對稱加上殘缺才是完美。在今後自然科學的發展中，對稱仍是一種重要的觀念和方法，我們相信對稱仍會發揮重要的作用。

What Is Physics?

11.現代技術的支柱

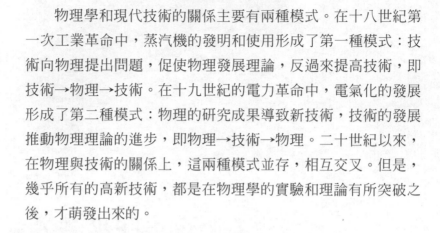

物理學和現代技術的關係主要有兩種模式。在十八世紀第一次工業革命中，蒸汽機的發明和使用形成了第一種模式：技術向物理提出問題，促使物理發展理論，反過來提高技術，即技術→物理→技術。在十九世紀的電力革命中，電氣化的發展形成了第二種模式：物理的研究成果導致新技術，技術的發展推動物理理論的進步，即物理→技術→物理。二十世紀以來，在物理與技術的關係上，這兩種模式並存，相互交叉。但是，幾乎所有的高新技術，都是在物理學的實驗和理論有所突破之後，才萌發出來的。

11.1 攝取原子核中的能量

核能的釋放通常有兩種形式，一種是重核的裂變，即一個重原子核（如鈾、鈈），分裂成兩個或多個中等原子量的原子核，引起連鎖反應，從而釋放出巨大的能量；另一種是輕核的融合，即兩個輕原子核（如氫的同位素氘），聚合成為一個較重的核子，從而釋放出巨大的能量。理論和實驗都證明，輕核融合比重核融合釋放出的能量要大得多。

一九三八年，德國科學家奧托·哈恩和他的助手斯特拉斯曼（Fritz Strassman）發現了核裂變現象。他們發現，當中子撞擊鈾原子核時，一個鈾核吸收了一個中子可以分裂成兩個較輕的原子核，在這個過程中質量發生虧損，因而放出很大的能量，並產生兩個或三個新的中子。這就是舉世聞名的核裂變反應。在一定的條件下，新產生的中子會繼續引起更多的鈾原子核裂變，這樣一代代傳下去，像鏈條一樣環環相扣，所以科學家將其命名為連鎖裂變反應。這一定的條件包括：第一，鈾要

達到一定的質量，叫做臨界質量；第二，中子的能量要適當。

利用重核裂變，人們已經製造出了原子彈，若透過反應堆對其加以人工控制，就可實現原子能發電。利用輕核融合原理，人們已經製造出比原子彈殺傷力更大的氫彈，氫彈是無控制的爆炸性核融合。要實現核融合能的和平利用，即核融合發電，必須對核融合實行人工控制，使核融合反應按照人們的需要有序地進行，這就是受控核融合。一九四二年十二月二日，世界上第一座核裂變反應堆在美國的芝加哥大學建成，人類在這裏首次實現了自持連鎖反應，從而開始了受控的核能釋放。

一九五四年，前蘇聯在莫斯科附近的奧布寧斯克建成了世界上第一座核電廠，輸出功率為五千仟瓦。到六〇年代中期，核電廠走向實用化和商品化。工業發達國家核電發電成本已與燃煤火力發電廠相似甚至略低。

常見的壓水反應堆核電廠，主要包括兩大部分：一部分是利用核能生產蒸汽的核島，包括反應堆裝置和回路系統；另一部分是利用蒸汽發電的常規島，包括汽輪發電機系統。核電廠使用的燃料是鈾，它是一種很重的金屬。用鈾製成的核燃料在反應堆內發生裂變而產生大量熱能，再用處於高壓力下的水把熱能帶出，在蒸汽發生器內產生蒸汽，蒸汽推動氣輪機帶著發電機一起旋轉，電能就源源不斷地產生出來，並透過電網送到四面八方。

目前全世界共有將近五百座核電廠，全年總發電量約占世界總發電量的17％。世界各國中，法國的核電廠發展最快，有五十七座核電廠，總裝機容量六千兩百萬仟瓦，核電占該國總發電量的77.8％。一九九一年，中國自行設計、建造的第一座核電廠——秦山核電廠啟用。中國還規劃、興建四座新的核電

廠，到二〇一〇年核電總量有望達到兩千萬仟瓦。

核電廠的燃料主要是鈾資源，這也不是理想的長期能源，因爲遲早要面臨鈾礦枯竭的危機。最理想的且既潔淨又取之不竭的核能是融合能的應用。輕核融合使用的燃料是海水中的氘，不僅資源非常豐富，而且成本低廉；另外輕核融合不產生放射性污染物，萬一發生事故，反應堆會自動冷卻而停止反應，不會發生爆炸，是安全、無污染的能源。

與原子核裂變反應中重核分裂成較輕的核相反，較輕的原子核聚合成爲較重的原子核，這就是融合反應。由於核子之間除了存在相互吸引的核力外，質子帶有同種電荷而具有靜電斥力，使融合反應不能輕而易舉地實現。兩個輕核要能靠近到核力起作用的距離而相互結合，首先應克服庫侖勢壘（Coulomb potential），這要求輕核獲得足夠的動能。雖然透過加速器加速輕核而使它達到融合反應所需要的動能，但是用這種方法實現融合反應，速率極低，單位時間釋放出的能量微不足道，從投入與產出比的經濟角度看是得不償失的。

產生融合反應的另一條途徑，是把氘核（氫的同位素）加熱到很高的溫度，使它無規則熱運動的平均動能超過庫侖勢壘。由計算得知，要產生氘核的融合至少需要 10^8 至 10^9K 的溫度。這時原子核以極高的速率持續地相互劇烈碰撞，從而發生大量的融合。由於是在高溫下實現的融合，因而被稱爲「熱核反應」。太陽上的核反應和氫彈的爆炸，都是熱核融合。

實現熱核反應在技術上要克服一些困難。首先，在溫度達到攝氏十萬度以上時，氘原子幾乎全部電離，變成自由電子和原子核，被電離的氣體被稱作「等離子體」，而對等離子體完全密封起來也是非常困難的。由於等離子體極不穩定，又極易洩

漏，超過一定時間等離子態就洩漏殆盡。這個有限的時間叫做反應器對等離子態的「約束時間」，也就是能維持熱核反應的最長時間。這些離子間相互庫侖碰撞引起的軔致輻射損失（即帶電粒子加速運動所產生的X輻射，將逃逸出去無法利用）是主要的能量損失。要得到融合反應核能的利用，必須使產生的融合能在減去各種能量損失後，要有淨能獲得，即有能量增益。有計算可得，要得到有能量增益的融合反應，除了足夠高的溫度外，對等離子體的密度和約束時間的乘積要大於某一常數。對於氘—氚反應，這個常數要大於10^{20}秒／立方公尺。這個條件叫做「勞森判據」，是英國物理學家勞森（Anton E. Lawson）於一九五七年得到的。

其次，製造反應器的材料要耐上千萬度的高溫。由於世界上哪有一種能耐如此高溫的容器呢？再說這種容器還不能導熱，否則高溫等離子體在接觸容器後溫度會立即下降，熱核反應就會中斷。由此可見，這種容器不是實體，而是某種「場」。

目前用來約束高溫等離子體的方法有兩種：磁約束和慣性約束。磁約束是利用強磁場約束等離子體，慣性約束是利用介質被壓縮時粒子的慣性，將等離子體約束在一個小區域中。在這樣條件下進行的熱核反應，被稱為「受控熱核反應」。

磁約束裝置種類很多，其中最受青睞的是環流器，一般直譯為「托卡馬克」（Tokamak）。它的主體是一個環狀真空室，外面是磁場裝置，可將等離子體約束在環狀真空室中，使之不與室壁接觸。同時等離子體被約束成環狀，而不會從端面流失。現有的裝置中，有的已經接近勞森條件，有人估計在二十一世紀中葉磁約束核融合可能投入使用。

氫彈就是靠慣性約束來實現融合反應的，它利用原子彈爆

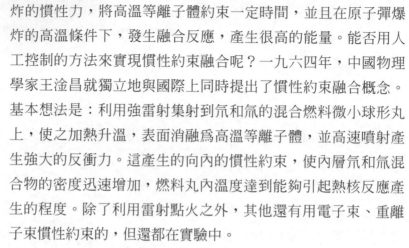

炸的慣性力，將高溫等離子體約束一定時間，並且在原子彈爆炸的高溫條件下，發生融合反應，產生很高的能量。能否用人工控制的方法來實現慣性約束融合呢？一九六四年，中國物理學家王淦昌就獨立地與國際上同時提出了慣性約束融合概念。基本想法是：利用強雷射集射到氘和氚的混合燃料微小球形丸上，使之加熱升溫，表面消融為高溫等離子體，並高速噴射產生強大的反衝力。這產生的向內的慣性約束，使內層氘和氚混合物的密度迅速增加，燃料丸內溫度達到能夠引起熱核反應產生的程度。除了利用雷射點火之外，其他還有用電子束、重離子束慣性約束的，但還都在實驗中。

受控熱核反應還處於進一步研究當中，我們期望在二十一世紀能建立核融合發電廠。

11.2 半導體創造的奇蹟

半導體是一種特殊的固體，它的導電能力介於金屬和絕緣體之間。二十世紀四〇年代，美國物理學巴丁（John Bardeen）為了解釋半導體的導電和整流性能，提出了半導體表面態理論。之後，在一九四七年，他和貝爾實驗室的物理學家蕭克萊（Willian Shockley）和布拉頓（Walter Houser Brattain）研製成功了世界上第一隻晶體三極管。

二十世紀初期，電子管就已經問世了。但是，在使用中發現電子管處理高頻信號的效果不理想。所以，科學家們就一直在尋找新的解決辦法。而且，在電子管日益推廣的過程中，人們發現了電子管的一些缺點。除了體積大、重量大以外，耗電多是電子管的一大缺點。即使應用電子管的無線電設備處於準備工作狀態時，也要消耗電流。而且，當一台由成百上千個電

子管組成的整機工作時，還必須考慮如何將機內的大量熱能釋放出去。一些有遠見的科學家逐漸意識到，電子管已不能滿足日益發展的電子技術的要求。擔任美國貝爾實驗室研究部指導的凱利（George A. Kelly），就是這樣一位高瞻遠矚的科研組織者。他採納了蕭克萊的建議，作出了改變電子學研究方向的決定。在一九四五年，貝爾實驗室成立了以蕭克萊為組長的固體物理學研究小組，開展半導體基礎研究。蕭克萊、巴丁和布拉頓三人各有所長，蕭克萊擅長半導體理論研究，巴丁既是理論探索的能手，又具有電氣工程師的實際經驗，布拉頓則積累了豐富的半導體實驗研究的經驗。經過艱苦的鑽研，也經歷了多次失敗，終於在一九四七年十二月，他們獲得了成功。歷史也證明凱利的決策是正確的，我們在談到電晶體發明者的貢獻時，不應忽視凱利的遠見，以及他的組織作用。電晶體的發明被稱為二十世紀最重大的發明，它是微電子革命的先趨，對電子、電腦的發展起到了決定性的作用。

印刷電路的產生在電子、電腦和通信領域中，具有至關重要的意義。一九三六年，奧地利的電氣工程師艾斯勒（K. R. Eissler）發明了印刷電路。他受照相製版技術的啟發，在製造電路板時，把電子線路圖蝕刻在敷有一層銅箔的絕緣板上，不需要的銅箔部分被蝕刻掉，只留下導通的線路。這樣，電子元件就透過銅箔形成的電路連接起來。這種印刷電路的好處是用不著在電路板上進行元件焊接，既免去了大量複雜的手工操作，又能達到高精度。印刷電路可以把電子線路圖縮小製版，從而為積體電路的誕生提供了先決條件。今天，所有的電腦和所有的電子產品都使用印刷電路。

積體電路是指以半導體晶體材料作為基片，採用專門的工藝技術將組成電路的元件和互連線製作在基片上的微小型電

路。積體電路是美國物理學家基爾比（Juck Kilby）和諾伊斯（Robert Noyce）各自獨立發明的，他們都擁有相應的發明專利權。基爾比大學畢業後在德州儀器公司進行電子設備微型化的研究。他考慮到全部電路元件，包括電晶體、電阻、電容在內，都可以用同一種半導體材料製成。由此，他設計了一種安置在半導體鍺片上的電路。它上面焊接了電路元件，這些元件之間沒有干擾；電路相互連接的地方不出現短路。諾伊斯主持製造了世界上第一塊用半導體矽製成的積體電路。他們把矽表面的氧化層壓成扁平的薄片，使元件的各電極都在同一個平面上。因此，只要預先設計出電路圖，就可以利用照相製版的方法將其縮小到矽片上。

積體電路的出現，引起了震動。自一九五八年第一塊積體電路問世後，一九六〇年在美國出現了首批積體電路。標誌積體電路水平的指標之一是集成度，所謂集成度就是指在一定尺寸的矽片上能做出多少個電晶體。積體電路發展的初期，一個矽片上僅能製造十幾個或幾十個電晶體，因而它的電路功能也是有限的。這是積體電路發展的第一階段，即小規模積體電路。第一台裝有積體電路的電腦含有五百八十七塊積體電路。到二十世紀六〇年代末，積體電路的集成度水平已經提高到幾百甚至上千個電晶體。集成度達一百至一千個電晶體的積體電路被稱為中規模積體電路，集成度在一千個以上的則稱為大型積體電路。一九六九年，自動化公司製成機載電腦D-200樣機，它的中央處理器由二十四塊大型積體電路製成，每一塊包含一百四十二到一千零五十個電晶體。到二十世紀七〇年代，美國人在一塊面積為0.3平方公分（相當於一顆小孩門牙大小）的矽晶片上，集成了十三萬個電晶體，製成了超大型積體電路。這可以把電腦的中央處理部件集成在一個矽片（也就是「晶片」）

上，產生了集成的微處理器和微處理機。這一系列進展，引起了電腦技術的巨大變革。由於電腦的心臟——中央處理器的集成化，使微型電腦應運而生。由於採用了大規模、超大型積體電路，電腦普及的大門被打開了。電腦已經進入了普通的辦公室和家庭。微電子技術對電子產品的消費者市場，也產生了深遠的影響，例如電子玩具、遊戲機、學習機以及一些家用電器，都採用積體電路。微電子技術的發展不僅給工業界帶來了變革，而且影響了整個人類的生活。

電子電腦的迅速發展和人造通信衛星的出現，是資訊技術發展的標誌。資訊技術對社會、經濟、政治、文化等方面都產生了巨大而深遠的影響。資訊技術的進步，是與微電子學的發展分不開的。作為現代資訊技術的核心，微電子技術經歷了從電晶體到積體電路的發展。如果沒有微電子技術，今天的微型電腦、衛星通信、機器人等都是不可想像的。

11.3 低溫的世界奇妙的超導

我們所說的低溫世界通常是指溫度在攝氏零度以下，溫度在273-120K範圍稱為普冷；溫度在120~0.3K範圍稱為低溫；溫度範圍在0.3K以下稱為極低溫。低溫世界是一個引人入勝的研究領域，物理學家在這一領域發現了超導這一奇妙的現象。

超導現象的發現是在一九一一年。荷蘭物理學家海克·坎默林·昂內斯（Heike Kamerlingh Onners）將一個用鉛做成的圓環放在磁場中，然後使它冷卻到7.2K，再將磁場突然去掉。由於電磁感應作用，在鉛製的圓環上產生了一個感生電流。這個實驗結果是，鉛製圓環上的電流在不停地運動。他們將水銀冷

卻到-4.2K（-269℃），這時在水銀導線上通上幾毫安培的電流，並測量它兩端的電壓。奇特的現象發生了：當溫度稍低於4.2K時，水銀導線的電阻竟完全消失了。這個現象引起了昂內斯的極大重視，他把這種電阻突然消失的零電阻現象稱爲「超導電」現象。

在發現超導電現象後的相當長的一段時間裏，人們一直認爲超導體只不過是電阻爲零的理想導體。直到一九三三年，發現了超導體的另一個基本性質——完全抗磁性（邁斯納效應），人們對超導體的認識才有了進一步的深化。所謂完全抗磁性就是指導體在處於超導狀態時，它始終保持它的內部磁場爲零，外加磁場無法穿透它。圖11-1中，小磁鐵的懸空是由於超導體存在完全抗磁性，使小磁鐵的磁力線無法穿透超導體。由於小磁鐵的磁力線被完全排斥出超導體外，在小磁鐵與超導體之間形成了斥力，這種斥力使小磁鐵懸浮在超導體的上方。

在低溫下，爲什麼一些物質會出現超導現象呢？爲了探討其中的奧秘，物理學家提出了種種理論進行解釋。一九五七

圖 11-1 超導體實驗

年，三位美國物理學家巴丁、庫柏和施里弗（John Robert Schrieffer）合作，從微觀的角度建立了完整的超導微觀理論，成功地解釋了超導體現象的本質。為此，巴丁、庫柏和施里弗三人共同獲得了一九七二年的諾貝爾物理學獎。現在人們習慣於取這三位物理學家各自姓氏的第一個字母合在一起，稱這一理論為「BCS理論」。這一理論指出，在常溫下導體處於正常狀態，它的原子（實際上是失去部分電子的正離子）都排列成規則的結晶結構——晶格，並且不停地作著熱振動。脫離了原子的自由電子離散在晶格的空間，毫無秩序。當導體通上電壓後，電子作定向流動時，與振動的原子頻繁碰撞產生阻礙作用，這種阻礙作用就是電阻的來源。按照BCS理論的解釋，當溫度降至臨界溫度以下時，導體處於超導狀態。這是由於導體內部產生了兩個變化：一是晶格上的原子的振動大大減弱了；二是電子間的吸引力大於靜電斥力，原來毫無秩序的自由電子結成有秩序的電子對了。這時，秩序井然的電子對就很容易地滑過晶格空間。因此，電阻消失了。

超導現象被發現以後，它在應用上的潛在價值逐漸被人們所認識。但是，已知超導體的臨界溫度太低，一般都在液氦溫度（4.2K）附近或在1K以下，超導體的實現都離不開昂貴的液氦設備，技術複雜，成本很高。尋找具有高臨界溫度的超導體就是物理學家多年來一直追求的目標。

最初，人們僅著眼於非過渡金屬，所以進展比較遲緩。直到一九七二年，美國貝爾實驗室的泰斯塔迪透過濺射製備了鈮三鍺薄膜，這種超導材料的臨界溫度為23.2K。從一九一一年昂內斯發現水銀在4.2K成為超導體起，物理學家經過六十二年的艱苦努力，才將超導材料的臨界溫度提高了19K，以平均演算

法來看，每年超導臨界溫度的提高只有0.3K左右。即使是這樣，鈮三鍺超導材料的發現還是使物理學家們極為興奮，似乎看到了某種希望。因為這個成果使超導體的臨界溫度進入了液氫溫區（約20K），進而把探索的目光轉向液氮溫區（約77K）就是很自然的事了。液氮的製備技術早已成熟，價格也比液氫便宜得多。然而令人非常遺憾的是，物理學家持續的努力沒有立即見到成效。在一九七三年以後的十多年間，超導體的臨界溫度再沒能超過這一紀錄。這一局面再一次表明，探索高臨界溫度超導體的歷程是相當艱難的，其中缺乏理論的明確指導是一個非常重要的原因。BCS理論在解釋超導電現象上取得了成功，但是它未能確切預言在哪些物質中可以找到具有更高臨界溫度的超導體。所以，物理學家只好在實驗中去摸索。

不過，一直有一些物理學家孜孜不倦地進行著高臨界溫度超導體的探索。一九八六年，新的突破終於來臨了。新進展是由在國際商用機器公司（IBM）蘇黎世研究室工作的瑞士物理學家繆勒（K. A. Müller）和他的學生、德國物理學家柏諾茲（Johannes Georg Bednorz）開創的。他們從一九八三年開始檢驗了上百種金屬氧化物，探索高臨界溫度超導體的可能性，結果均未成功。後來，柏諾茲看到法國科學家米歇耳（C. Michel）等人的一篇有關鋇鑭銅氧（Ba-La-Cu-O）材料的研究論文。米歇耳等人研究了$BaLa_4Cu_5O_{13.5}$樣品的電導、磁化率等性質，卻沒有想到超導電性問題。不過，這卻啟發了繆勒與柏諾茲。他們從一九八五年夏天開始，把研究方向轉向了含銅的氧化物，並在一九八六年一月發現鋇鑭銅氧化物在35K開始出現超導轉變，比一九七三年的紀錄提高了12K。由於他們當時只測量了該系統的電阻率，而尚未測量另一重要性質——完全抗磁性；再加上它的臨界溫度比一九七三年的紀錄提高了如此之多；還

有歷史上曾多次出現高T_c值的誤報；這些都使得他們十分謹慎。在論文〈在Ba-La-Cu-O系統中可能的高T_c超導電性〉中，他們竟使用了「可能的」這一限制詞。然而，正是這篇論文標誌高溫超導研究進入了一個新的時代。

　　繆勒與柏諾茲的研究擺脫了從金屬和合金中尋找超導材料的傳統思路，而在金屬氧化物中找到了突破口。他們的成功，使世界各地迅速掀起了一股超導熱，並演變成一場高溫超導材料研製的競賽。這裏，要提到中國物理學家的貢獻。一九八六年，中國科學院物理研究所的趙忠賢和陳立泉等人，在一九八七年二月獲得了第一塊在液氮溫區的超導材料——釔鋇銅氧（Y-Ba-Cu-O）。這種超導材料出現完全抗磁性的溫度為93K，起始臨界轉變溫度在100K以上。一九八七年二月二十四日，中國科學院數理學部在新聞發布會上宣布，中國科學家獲得了液態氮溫區的釔鋇銅氧超導體。二月二十五日，新華社和《人民日報》發表了這一新聞，即刻傳遍了全中國與世界各地。由於這是第一次公布液態氮溫區超導體的成分，它對國內外高臨界溫度超導體的研究起了重要的推動作用。繆勒在他一九八七年獲諾貝爾物理學獎時的演講中，曾三次談到趙忠賢等人的工作。中國科學家以其出色的成就躋身於世界超導研究的先進行列，為中國贏得了榮譽。一九八七年可以說是超導年，全世界有兩百六十多個科學研究機構投入這場競賽，一個紀錄剛剛創造很快就被新的紀錄所打破。這種競賽大大促進了研究的進展，新發現了一千三百多種超導材料，臨界溫度提高到100K左右。由於用液態氮代替了液態氦，為超導技術的實際應用展開了廣闊的前景。

　　與普通的導體相比，超導體有十分突出的優點。超導技術的應用十分廣泛，涉及輸電、電機、微電子和電腦、交通運

輸、生物工程、醫療以及軍事等多個領域，並且這種新技術還可以軍民相容，使得社會經濟效益和軍事效益都獲得巨大提高。

由於超導體的電阻等於零，通電後不會發熱，所以只要通過的電流密度不超過臨界值，原則上就能夠做到完全沒有焦耳熱的損耗，因而可以節省大量能源。用超導線繞製並構成閉合電路，對其勵磁，超導線圈中儲存的能量可以無損耗地長期保存，且儲能密度高達50焦／立方公分，可以瞬間輸出巨大的脈衝電能。超導線圈用於發電機和電動機，則可以大大提高效率，降低損耗，提高功率密度，從而導致電力工業的劃時代變革。利用超導體可以製成高靈敏度的磁感測器，而由這種磁感測器作為基本元件製成的磁強計，可以測量微弱的磁場和磁場的變化，其解析度可達 10^{-15} 特；還可用於地球物理方面的勘測，透過測量地表下不同深度處的電導率，可以確定地熱、石油及其他礦藏的位置和儲量，並可用於地震預報。利用這種磁感測器作為電腦元件，開關速度可以達到 10^{-12} 秒，比半導體元件快 10^3 倍，而功耗僅為微瓦級，只有半導體元件的 10^{-3}。利用超導晶片製成的超導體計算機，運算速度快、容量大、體積小、功耗低。

用超導體產生的強磁場可以製成磁懸浮列車。列車運行時，超導磁體產生強大的磁場，使地面軌道上的鋁質線圈的鋁環產生強大的感應電流。超導體的磁場和鋁環中電磁場的交互作用，使車輛懸浮起來，因此車輛可以不受地面阻力的影響而實現高速運行。日本研製成功的超導懸浮列車的試驗運行速度已高達每小時五百公里。科學家們預測，如果使超導磁懸浮列車在真空隧道中運行，完全消除空氣阻力的影響，則車速將可

提高到每小時一千六百公里。此外,利用超導體的完全抗磁特性製成無摩擦軸承,用於發射火箭,可以避免發射導板與導軌直接接觸的摩擦,因而能將發射速度提高三倍以上,有可能實現人類多年來「衝出太陽系」的理想。

超導磁體在醫學上的重要應用是核磁共振成像技術,它可以分辨早期僅有1.3公分大小的腫瘤,還可以早期檢測心血管的發病預兆。超導磁強計的解析度極高,在醫學上可以用來作出人體心電圖、肺磁圖、腦磁圖等,用於臨床診斷心血管病、矽肺病等,還可用來研究針灸機理等。超導醫療器械具有精確度高、體積小、重量輕、耗電少等優良性質。

總之,隨著超導技術的不斷發展,高溫氧化物超導材料和有機物超導材料將不斷問世。在二十一世紀,超導技術將廣泛地應用於國民經濟、生物醫療和國防等各個領域,從而導致一場新的產業革命和軍事革命。

11.4 奈米科技的誕生

奈米是一個長度單位,1奈米是10^{-9}公尺,即十億分之一公尺,百萬分之一公分,千分之一微米。奈米科技是指在奈米尺度(0.1-100奈米)上研究物質(包括原子、分子的操縱)的特性和相互作用(主要是量子特性),以及利用這些特性的多學科交叉的科學和技術,它使人類認識和改造物質世界的手段和能力延伸到原子和分子。奈米和奈米技術是一把量尺,也是通往人類未知領域的一座橋梁。奈米科技主要有三個領域:奈米材料、奈米器件和奈米區域的檢測和表徵。

一九五九年,美國著名物理學家里查德‧費曼最早提出奈

●費曼●

米科技的基本概念。費曼當時是美國加州理工學院的教授，在加州理工學院做的一次非常有趣的報告中，他提出一個問題：我們現在的工具做的是什麼東西呢？是車、刨、推、削、磨、銑，由大到小，既然我們所有的物質都是由分子、原子組成的，那我們能不能組裝原子、分子呢？費曼的設想讓聽眾感到十分驚訝。

透過與生物體的發育比較，有的科學家提出，生物體可以從一個受精卵發育成一個整體的人體，植物也一樣能夠長大。我們人類能不能學習生物的方法，使物體也透過分子、原子組裝呢？如果我們充分掌握了分子合成技術，可以用原子、分子組裝自己想要的東西，我們就不需要工廠了，車、刨、磨、銑這些都不需要了，完全是另一種方式。在二十世紀的七〇年代，這被看作是一種幻想，現在，很多人對此仍然持懷疑態度，因為還差得很遠。

第一次提出奈米技術這個辭彙是在一九七四年，當時主要是用它來描述精細機械加工。科學家認為，當時的機械加工是微米，這不夠，應該進一步發展，用奈米技術。

二十世紀的七〇年代，一些科學家開始倡導奈米技術，但沒有引起多數科學家的注意。要用原子、分子來組成東西，但是分子、原子看不見，怎樣來實現這個過程？二十世紀八〇年代末、九〇年代初，奈米技術有了迅速發展，這是因為八〇年代初，出現了以掃描隧道顯微鏡為代表的掃描探針顯微儀器，成為研究奈米科技研究的一個很重要的手段，它們成為奈米科

技的眼睛和手。所謂眼睛，就是這些手段可以觀察、測試原子和分子，研究他們之間的相互作用和特性；所謂手，它可以移動原子來構造奈米裝置，同時可以為科學家提供在奈米尺度上研究新現象、提出新理論的微小實驗室。一九九○年，第一屆國際奈米科學技術會議與第五屆國際掃描隧道顯微學會議同時在美國舉行，此後，《奈米技術》和《奈米生物學》兩種國際性專業期刊相繼問世，奈米科學技術從此得到科技界的廣泛關注。

　　一九八二年，世界上第一台能直接觀測到物質表面的單個原子的立體形貌的掃描隧道顯微鏡（scanning tunneling microscope, STM）問世了。它是由美國IBM公司設在瑞士蘇黎世的實驗室中一位三十多歲的年輕德裔物理學家賓尼（Gerd Binnig）和他的老師羅雷爾（Heinrich Rohrer）所發明的。此後，一九八六年，賓尼在美國史坦福大學訪問期間，他與奎特一起提出利用原子間的力的變化來觀察樣品表面的原子形貌的設想，並研製成了世界上第一台原子力顯微鏡（atomic force microscope, AFM）。一九八六年賓尼和羅雷爾獲得諾貝爾物理學獎。從STM發明到獲得諾貝爾獎，時隔僅僅四年，這在諾貝爾獎的歷史上是不多見的。

　　說到顯微鏡，過去認為它僅僅是觀察的工具，但STM不僅是觀察的工具，它還是微觀世界加工的工具，可以按照需要人工排列原子。一九九○年，在低溫下，利用STM實現了人類直接操縱原子和排布原子的奇蹟。以後在常溫下，也實現了單個原子的拾取和填充，完成了按人類意願重新排布單個原子的幻想。利用電腦控制STM的針尖，在某些特定部位加大隧道電流的強度和使針尖尖端直接接觸到表面，使針尖作有規律的移

動，就會刻出有規律的痕跡，形成有意義的圖形和文字。

中國的科研人員也做了類似的原子級水平的實驗，使中國進入了能實現原子級操縱的世界先進行列。中國科學院化學研究所的研究人員利用自製的STM在石墨表面所刻蝕出的中國地圖等圖像十分清晰。這些圖形的線寬只有十奈米。如此算來，可以利用STM在一個大頭針的針頭上來記錄《紅樓夢》的全部內容。因此，STM對於研究高密度資訊存儲技術，具有重要的意義。

目前，利用STM和AFM還實現了原子移動和單分子操縱。原子尺度的操縱技術在高密度資訊存儲、奈米級電子器件、新型材料的組成和物種再造等方面，將有非常重要和廣泛的應用前景。

奈米材料是近二十年發展起來的新材料。它是由奈米量級的許許多多的微顆粒組成的材料。奈米材料又稱爲超微粒材料，其顆粒的大小範圍在0.1-100奈米之間，也就是由幾個原子到幾百個原子組成。同時，從二十世紀的八〇年代開始，人們引進了介觀（mesoscopy）的概念，它是介於宏觀和微觀的一個尺度。在這個體系的尺度中，微粒大小屬於宏觀範疇，但又小到存在量子效應，這樣的體系稱爲介觀體系。研究這種體系的學科成爲介觀物理。奈米體系、團簇和亞微米體系都屬於介觀體系，是介觀物理的研究物件。

把宏觀的大塊物體細分爲超微顆粒，將顯示出許多奇異的特性，與大塊物體相比，在物理學和化學等方面的性質有很大差別。當顆粒尺寸達到奈米數量級的小顆粒在保持新鮮表面的情況下壓製成塊狀固體或沈積成膜時，會產生很多異常的物理現象。導致奈米材料產生奇異性能的主要效應有：比表面積效應、小尺寸效應、量子效應等。

小尺寸效應是指當顆粒尺寸不斷減小，到一定限度時，在一定條件下會引起材料宏觀物理、化學性質上的變化。例如，任何金屬都有光澤、顏色，但是在顆粒尺寸小於可見光波長時，對光的反射率低於1％，於是均失去原有的光彩而呈黑色。又如磁性顆粒在小到一定的尺寸時會喪失磁性。

球形顆粒的表面積與直徑的平方成正比，其體積與直徑的立方成正比，因此表面積與體積之比與直徑成反比，顆粒直徑越小，其比值越大。例如，一個邊長爲一公尺的立方體，它的表面積爲六平方公尺，若將此立方體切割成邊長一公分的立方體，再按原樣堆成邊長爲一公尺的立方體，此時體積沒變但切割後各小立方體的表面積爲六千平方公尺，是原來的一千倍。表面積增大，活性就增強，因此超微粉末很容易燃燒和爆炸。另外，表面增大，表面原子占總原子數的比例顯著增加。由於表面的原子和體內的原子在成鍵狀態上是不一樣的，表面原子比例的顯著增大使鍵態嚴重失配，出現許多活性中心，使奈米材料具有極強的吸附能力。這使得奈米粒子對於無論是促使物質腐敗的氧原子、氧自由基，還是產生其他異味的烷烴類分子等，均具有吸附作用。它把氧吸收掉，可以控制腐敗，就具有抗腐敗作用，還可以吸附環境中的有臭味分子，就可以除味。奈米二氧化鈦還產生光催化，可以分解污染物。我們知道的奈米洗衣機，就是在洗衣機的內筒裏塗上一點奈米材料，控制細菌生長。顆粒尺寸在十奈米以下時，表面效應顯著，成爲研究工作的重點。

量子力學已經揭示，原子具有分立的能級，而無數原子構成固體時，大塊材料中形成連續的能帶，能帶理論可以說明宏觀的導體、半導體、絕緣體之間的區別。對於介於原子、分子

與大塊固體之間的超微粒而言，大塊材料中連續的能帶又變窄，逐漸還原分裂爲分立的能級，能級間的間距隨顆粒尺寸減小而增大。當溫度較低時，原子分子熱運動動能以及電場能或者磁場能比平均的能級間距還小時，就會呈現一系列與宏觀物體截然不同的反常特性，這就是超微粒的量子效應。例如，在低溫條件下，導電金屬在超微顆粒時可以變成絕緣體，比熱可以出現反常變化，光譜線會產生向短波長方向的移動等等。

奈米材料可以分爲：顆粒型、奈米固體材料、顆粒膜材料等類型。隨著資訊技術的發展，磁記錄用的磁性顆粒尺寸日趨超微化。目前，用二十奈米左右的超微磁性顆粒製成的金屬磁帶、磁片，已開始商品化，具有記錄密度高、低雜訊和高信噪比等優點。

奈米固體材料是指由超微顆粒在高壓下壓製成型，或再經一定的熱處理工序後生成的緻密型固體材料。這種材料具有巨大的顆粒間介面，從而使得材料具有高韌性。如奈米陶瓷，對奈米陶瓷器件可進行表面熱處理，使材料內部保持韌性，但表面卻顯示出高硬度、高耐磨性和抗腐蝕性。

奈米膜材料是將某種顆粒嵌於不同材料的薄膜中所生成的複合薄膜。透過改變兩種組成的比例和顆粒膜中顆粒的大小與形態，可以控制膜的特性。對金屬與非金屬複合膜，改變組成比例可以使膜從金屬轉變成絕緣體。

由於奈米材料具有一般的宏觀物體所沒有的一系列新效應，使其應用前景非常廣泛，奈米科學技術將成爲二十一世紀的重要科學技術領域之一。

What Is Physics?

11.5 電信技術的產生和發展

資訊是十分重要的，它是正確決策的依據。同時，資訊具有時效性，過了某一段時間就失去了意義，因此，及時、準確地傳遞資訊在生產和生活中就都十分重要。在電報發明以前，人類能夠傳遞的資訊都比較簡單，而且資訊傳遞的距離也受到限制，路途的遠近決定了傳遞消息的時間。

●摩 斯●

早期的電報機是指標式的，發報時，要把指標撥到要發字母或數位上。美國發明家摩斯（Samuel F. B. Morse）發明了摩斯電碼，他還改進設備增大了電報傳遞的距離。

一八八四年，在摩斯的領導下，世界上第一條有線電報線路架設成功，在歷史上第一次，使資訊傳遞的速度超過了交通運輸的速度。電報立即引起了歐美各國的普遍關注，都開始架設電報線路。

英國最早開始鋪設海底電信線路。一八五〇年，成功鋪設了由英格蘭到愛爾蘭和荷蘭的兩條電纜，大西洋海底電纜也在設想之中。

但是，很快就發現，長距離的海底電纜不能很好地傳遞信號。由英國鋪設的連接英國和法國的跨英吉利海峽的海底電纜，在勉強通完賀電之後就再也無法使用了。大西洋兩岸超長距離電報通信海底電纜，從一八五四年開始鋪設，但多次失敗。

英國傑出物理學家 W・湯姆遜運用物理學理論，研究海底電纜通信遇到的問題。他提出了增大海底電纜導線的橫截面積、用厚絕緣層保護電纜、採用小電流信號等許多建議，他還發明了靈敏的信號接受裝置等許多電信儀器設備。在他的指導下，一八六六年，英國終於鋪設成功了第一條跨大西洋的海底電纜。這項工程歷時八年，耗資三百萬美元。由於在科學上的成就，一八九二年，湯姆遜被英國政府授予開爾文勳爵的封號。海底電纜的維護和修復也是既辛苦又十分危險的工作。

十九世紀末，成功地鋪設了從印度到澳大利亞的海底電纜，一九○二年，又鋪設了從加拿大到澳大利亞的海底電纜。這樣，電纜就將大陸和大陸連接起來，建立了世界電信線路，使資訊可以在世界範圍內快速傳遞，促進了經濟、貿易、文化的交流。

我們都知道無線電通信是靠電磁波來傳遞資訊的。英國物理學家麥克斯威爾最早從理論上預言了電磁波的存在。麥克斯威爾指出，電磁波以光的速度在空間傳播，並且光也是電磁波。

一八八七年，德國海因里希・赫茲透過實驗檢測到了電磁波，證明電磁波的速度等於光速。赫茲檢驗電磁波後，許多人開始探索研製實用的電磁波通訊裝置，赫茲所創造的電磁波的發射器和檢測器，成為後來無線電技術中發射器和接收器的始祖。

俄國科學家波波夫（Alexander Popov）經過六年的努力，用他發明的無線電接收器收到了雷電的電磁波。一八九六年，波波夫和他的助手正式表演了傳送摩斯電碼的無線電通訊實驗，他們傳遞的電文是「海因里希・赫茲」，通訊距離是兩百五

十公尺。這是世界上第　份有明確內容的無線電報。

　　義大利青年發明家馬可尼後來居上，超過了波波夫。一八九九年，他成功地實現了英法海峽兩岸之間的通訊，使剛剛誕生的無線電技術顯露出了蓬勃的生機。馬可尼還開發了電磁波的商業應用，在海上救護等方面顯示了巨大的威力。一九○一年，馬可尼又成功地實現了跨越大西洋的無線電通訊，電磁波傳遞的摩斯電碼清晰地在三千六百公里以外的大西洋彼岸被接收到。馬可尼由於在無線電通信技術方面的貢獻，獲得了一九○九年的諾貝爾物理學獎。馬可尼等人所進行的最早的無線電通信都是採用波長長於一千公尺的長波通信，長波無線電報曾經風靡一時。由於無線電波的波長越長，通信要求的天線高度（或長度）也越高（或長），在馬可尼所進行的洲際電報通信實驗中，天線懸掛在高達一百多公尺的風箏上。使用無線電波的波長越長，發射機的功率也越大。高大的發射塔造價昂貴，笨重且不能移動的長波通信設備限制了無線電通信的推廣和普及。

　　二十世紀初，除了出現了一大批新興行業的無線電通信工作者外，也出現了一群業餘無線電愛好者。他們自製簡陋的通信設備，架起簡易的天線，進行近距離無線電通信聯繫。波長在一百至十公尺的電磁波稱做短波。當時在實驗中發現，短波沿著地球表面傳輸時，能量衰減很快。各國政府和無線電專家認為，短波無線電波不可能用來實現遠距離通信，因此准許將短波波段劃給業餘無線電愛好者，供他們進行「通信遊戲」。

　　意外的事情發生了。一次，義大利的羅馬城發生火災，一台發射功率只有幾十瓦的短波天線電臺發出求救信號，向附近的人求救。可是，在相距千里之外的丹麥首都哥本哈根，一位

●馬可尼●

業餘無線電愛好者清晰地接收到了這一信號。業餘無線電愛好者不只一次地發現，只有數十瓦的短波無線電臺所發射的電波，竟能從西半球傳至東半球。

很快物理學家找到了奇蹟產生的原因。短波能夠經地球高空的電離層反射，返回地面，實現繞地球曲面的遠距離傳播。電離層傳播又稱爲天波，是短波的主要傳播模式。弄清楚短波能被電離層反射的原理後，無線電通信展開了新的一頁。龐大的長波無線電臺紛紛被攜帶型小型短波電臺所取代，移動通信迅速普及。現在短波通信是人類使用最爲廣泛的無線電通信方式。

電子管的發明使無線電技術得到飛躍性的發展，它們成爲無線電通訊中的主要元件。由於有了電子管，即使在遙遠的地方，在信號比較弱的情況下也可以透過多級電子管放大得到滿意的通訊效果。電子管還用來組成產生電磁波的振盪器。電子管的應用增大了無線電與有線通訊的競爭能力，開拓了無線電電子學的新時代。一九一〇年，美國出現了無線電廣播。

爲了生產和生活的需要，世界上的無線電臺越來越多。二十世紀三〇年代開拓出了超短波，實現了電視廣播；四〇年代又對波長更短的微波進行研究和開發。

微波比短波波長更短，只有一公尺至零點一公分。微波在

大氣中傳播時不會受到大氣的影響,所以微波傳遞的信號不會失真,微波通信可以接收到十分清晰的圖像信號。另外微波通信的容量大,可以傳遞電視、電話、圖像、資料、傳眞等各種資訊。微波的傳播形式與長波和短波都不相同。微波沿直線傳播,如果把它射向電離層,它會穿過電離層傳播。由於地球表面是球面,當微波在空間傳播的距離較遠時,它就會被地面所形成的圓弧所阻隔。這樣,使用一般的收發天線,微波在地面傳播的距離只能保證五十公里。爲了實現遠距離傳輸,五〇年代,建立了微波接力通信系統。每隔大約五十公里,建立一個微波接力站,或稱中繼站,接收、放大和轉發微波信號,把信號一站一站傳下去。

人造衛星上天以後,衛星承擔了微波中繼站的任務,由於它高掛在天空,大大增加了信號覆蓋的區域,而且實現了在覆蓋區域之內任何兩點之間的微波通信。衛星出現以後,微波通信技術得到了迅速的發展。

電信技術的出現,使資訊傳遞技術發生了根本性的改革,把生活在地球上各個不同地方的人更緊密地聯繫在了一起。

雷射技術的發展使光通信在通信中的地位也越來越重要。光通信在古代就已經出現了,如烽火臺、信號燈等,但傳遞的資訊非常簡單。雷射通信可以傳遞的訊息量要大得多,採用光導纖維技術的有線光通信技術,具有通信容量大、保密性能高、抗干擾能力強和設備成本低等許多優點,已在現代通信技術領域占據了主導地位。

一九九三年,美國提出「國家資訊基礎結構計畫」,也稱爲建設國家資訊高速公路。資訊高速公路包括:電腦控制系統、衛星傳輸系統、光纖傳輸系統、多媒體圖像通信系統和數位通

信系統。其中電腦控制系統是資訊高速公路的管理系統，衛星傳輸系統和光纖傳輸系統是資訊高速公路的骨幹，多媒體圖像系統和數位通信系統是訊號發送系統。

目前發展的網路通信通道主要有通信衛星和光纖電纜兩種。通信衛星主要是利用它在空間的高遠位置，成為通信網路的中繼站，它可以接收雷射或微波信號，然後向其覆蓋的區域轉發。但是，通信衛星壽命短，容量有限，地球同步衛星最大的定位數只有一百八十。隨著技術的發展，近些年光纖通信在通信系統中得到越來越廣泛的應用。二十世紀八○年代後期，美國電話電報公司先後鋪設了大西洋和太平洋海底光纜，將歐、美、亞三洲聯繫起來。光纖電纜通信網的壽命可以達到二十年以上，遠長於通信衛星。

What
Is
Physics?

結語　無盡的探索

　　今天，我們在回顧二十世紀物理學的歷程時看到，正是物理學革命引發的第三次技術革命，使社會的面貌大爲改觀。物理學的功能被發揮得淋漓盡致，物理學也當仁不讓地成爲科學技術發展的火車頭。但是，物理學作爲科學的一個重要組成部分，它是沒有頂峰的。物理學的理論還會不斷發展，而重大的發展一定是從重大問題上引發的。

　　進入二十一世紀，正像二十世紀初出現的情況一樣，在輝煌之中，物理學晴空也並非沒有「烏雲」。物理學也面臨著一系列難題，物理學家李政道概括了其中最爲重大的四個問題：第一個是，目前的物理理論都是對稱的，而爲什麼實驗卻越來越多地發現不對稱？第二個是，爲什麼夸克不能單獨存在（六種夸克都不能自由行動）？第三個是，類星體的巨大能源是如何產生的？第四個是，宇宙中九成以上的物質都是暗物質，這些看不見的東西是什麼？

　　第一個問題和第二個問題，是探索物質結構最前沿的粒子物理學中的重大難題。按照夸克模型理論，夸克具有漸進自由的特點，它在強子內部是自由存在的。但是物理學家卻一直爲實驗上尋找不到自由夸克而困惑。有人認爲這與宇宙中的眞空有關，是因量子色動力學物理眞空的性質造成的。物理眞空就像一個蘊含無窮大能量的海洋，它是一切物理過程的背景和本底，所有的物理反應都是在這個背景上進行的。絕對平靜的海平面是完全對稱的，但由於激烈的物理作用，有一部分能量會擾動海平面，好像是使一些浪花從大海中濺出來，並參與海面上所進行的物理反應。也就是說，眞空中充滿著夸克－反夸克對和膠子（傳遞強力的粒子），物質與眞空中的夸克－反夸克對和膠子不斷發生相互作用，造成新的強子結構的圖像。這就是眞空對稱性的殘缺。由此看來，這兩個大難題的解決，關鍵在

於揭示物理真空的本質。

第三個問題和第四個問題,是天體物理學研究中的重大難題。類星體最早於一九六一年被發現。類星體有一個顯著的特徵,就是紅移量特別大,一般的恒星的紅移量只有千分之幾,而大多數類星體的紅移超過一。紅移是遙遠的河外天體的共同特徵,天文學家認為類星體是河外天體,並且它們的紅移是宇宙學紅移。所謂宇宙學紅移的意思是,宇宙正在膨脹,所有的星系都在彼此分離並遠離我們而去,因此它們的譜線就顯示出紅移。如果類星體的紅移是宇宙學紅移,那麼可以計算出它的能量輸出比普通星系大上千倍。問題是物理學家還不清楚它的產能機制,它如何產生這麼巨大的能量?實在令人費解。再說暗物質。暗物質雖然不能被觀測到,但一些力的效應卻顯示著它的存在。如宇宙中的星雲是很多的,一個星雲的範圍差不多可達一千光年;它在旋轉,可以測算它旋轉的速度和受到的引力,由此推測這吸引力的中心具有很多的物質;可就是看不見,因此叫它暗物質。多數天文學家相信,這種暗物質占宇宙物質總量的九成五以上。暗物質是些什麼東西?是粒子還是場?但是現在對暗物質的瞭解很少,也有一些天文學家認為暗物質根本不存在。圍繞著暗物質有很多不清楚的問題。

有這麼多的難題,正是物理學的魅力所在。歷史上曾有人不斷做出物理學發現已近尾聲的預言,但這些預言沒有一次成功,物理學不斷湧現出激動人心的新發現。物理學上的每一個重大難題都預示著一個新的發展方向,這對今天的物理學家、對未來的物理學家都是一個巨大的挑戰。我們相信,「江山代有人才出」,人類永遠不會抑制自己的好奇心,也不會閉塞探索的目光,新的、更美的理論將會被未來的物理學家建立起來。

參 考 書 目

李豔平、申先甲，《物理學史教程》，北京：科學出版社，2003年。

宋德生、李國棟，《電磁學發展史》，南寧：廣西人民出版社，1987年。

張之翔、王書仁，《人類是如何認識電的？──電磁學歷史上的一些重要發現》，北京：科學技術文獻出版社，1991年。

倪光炯等，《改變世界的物理學》，上海：復旦大學出版社，1998年。

吳翔等，《文明之源》，上海：上海科學技術出版社，2001年。

李豔平、王一紅，《航空航太探索》，北京：海洋出版社，2000年。

余翔林等，《科學的魅力──中國科學院研究生院演講錄》，北京：科學出版社，2002年。

盧嘉錫等，《中國科學技術史》，北京：中國科學技術出版社，1997年。

劉樹勇、邱克、尹德利，《無邊的引力世界》，河北科技出版社，2002年。

劉樹勇、王士平，《物理學》，中華書局（香港），2002年。

王德雲、陳敏燕、劉樹勇，《詭秘的射線》，河北科技出版社，
　　2003年。

邱克、劉樹勇、姚潤豐，《反物質的世界》，河北科技出版社，
　　2003年。

申先甲，《探索熱的本質》，北京：北京出版社，1987年。

閻康年，《牛頓的科學發現與科學思想》，長沙：湖南教育出版
　　社，1989年。

後記

　　物理學博大精深，應用廣泛，且發展迅速，要想在一本小書中講清楚「什麼是物理學？」這個問題，是一件不容易的事。

　　我們三個人都是學習物理學出身，但後來主要從事科學史、物理學史的教學與研究，一起合作多年。這次應北京大學龍協濤教授之邀，編寫這本《物理學是什麼》，對我們來說是一個新的嘗試。我們選擇了從物理學發展的歷史軌跡這一角度來介紹什麼是物理學，不僅是因為我們對物理學發展史較為熟悉，更重要的是我們認為這一角度有利於讀者從宏觀上瞭解物理學，從中體會出什麼是物理學。

　　但是，由於我們經驗不足，很可能沒有表達好我們的想法；另外我們的水平有限，書中會存在問題與錯誤，希望得到讀者的批評、指正。

　　感謝龍協濤教授審閱了我們的提綱，感謝編輯的辛勤勞動。

王士平、李豔平、劉樹勇　謹識

2003 年 10 月

應用科學叢書 1

物理學是什麼

著　　　者／王士平、李豔平、劉樹勇
校 閱 者／徐啓銘
出 版 者／揚智文化事業股份有限公司
發 行 人／葉忠賢
總 編 輯／林新倫
登 記 證／局版北市業字第1117號
地　　　址／台北市新生南路三段88號5樓之6
電　　　話／(02)2366-0309
傳　　　真／(02)2366-0310
網　　　址／http://www.ycrc.com.tw
E-mail ／service@ycrc.com.tw
郵撥帳號／19735365
戶　　　名／葉忠賢
法律顧問／北辰著作權事務所　蕭雄淋律師
印　　　刷／鼎易印刷事業股份有限公司
I S B N ／957-818-636-3
初版一刷／2004 年 7 月
定　　　價／新台幣 320 元

國家圖書館出版品預行編目資料

物理學是什麼 = What is physics? / 王士平、
李豔平、劉樹勇著. -- 初版. -- 臺北市：
揚智文化，2004[民 93]
面；公分. --（應用科學叢書；1）

ISBN 957-818-636-3（平裝）

1. 物理學

330   93008960

What Is Physics?